Léonel Tchadjie Noumbissie

Comportement thermique des géopolymères à base d'une argile kaolinite

Léonel Tchadjié Noumbissié

Comportement thermique des géopolymères à base d'une argile kaolinite

L'efficacité du paramètre "température"

Presses Académiques Francophones

Impressum / Mentions légales
Bibliografische Information der Deutschen Nationalbibliothek: Die Deutsche Nationalbibliothek verzeichnet diese Publikation in der Deutschen Nationalbibliografie; detaillierte bibliografische Daten sind im Internet über http://dnb.d-nb.de abrufbar.

Information bibliographique publiée par la Deutsche Nationalbibliothek: La Deutsche Nationalbibliothek inscrit cette publication à la Deutsche Nationalbibliografie; des données bibliographiques détaillées sont disponibles sur internet à l'adresse http://dnb.d-nb.de.

Coverbild / Photo de couverture: www.ingimage.com

Verlag / Editeur:
Presses Académiques Francophones
ist ein Imprint der / est une marque déposée de
AV Akademikerverlag GmbH & Co. KG
Heinrich-Böcking-Str. 6-8, 66121 Saarbrücken, Deutschland / Allemagne
Email: info@presses-academiques.com

Herstellung: siehe letzte Seite /
Impression: voir la dernière page
ISBN: 978-3-8381-7896-7

DÉDICACE

Je dédie ce mémoire à mes parents,

M. NGOUZE Pierre

et

Mme NGOUZE née EMADE Elisabeth.

REMERCIEMENTS

Ce travail a été effectué dans le laboratoire de Physico-chimie des Matériaux Minéraux de la Faculté des Sciences de l'Université de Yaoundé I que dirige le Pr. Njopwouo Daniel. Il a été mené sous la direction du Pr. Elimbi Antoine. Il entre dans le cadre de la valorisation des matériaux naturels.

Je voudrais exprimer ma profonde gratitude à tous ceux qui de près ou de loin ont contribué à la réalisation de ce travail. Mes sincères remerciements :

- Au Seigneur DIEU Tout Puissant qui m'a accordé la grâce de réaliser ce travail ;
- A mon Directeur de mémoire, Pr. Elimbi Antoine pour avoir accepté de diriger ce travail : votre rigueur scientifique, votre disponibilité, votre esprit de travail et vos nombreux conseils ont contribué à l'amélioration de ce travail. Veuillez trouver ici l'expression de ma profonde reconnaissance ;
- Au corps enseignant du Département de Chimie Organique et Inorganique de la Faculté des Sciences, pour les connaissances qu'ils nous ont permis d'acquérir à travers les enseignements dispensés ;
- A notre partenaire du Laboratoire de Démo-Center de l'Université de Modena (Italie) pour avoir accepté d'analyser nos matériaux ;
- A mes frères: Massom Théocryte, Tchokossa Alex, Pougoué Eric, Gatcho Modeste, Dacko Gabriel, Kamagou Joël et Kouedjou Marcellin, pour tout l'amour dont vous me comblez ;
- A mes cousins : Chokossa Pierre-Marie, Dyougmeni Honorine, Deutou Doris, Choukoua Aurore et Ngako Michèle. Vos encouragements et vos prières m'ont été d'un grand soutien et réconfort ;
- Aux familles, Ditchou, Ketchemen, Moukam, Touko, Youmbissi,Mvom et Njouken pour leurs encouragements et conseils ;
- A ma feue grand-mère Kamagou Martine et ma feue cousine Kamagou Félicité. Pour l'attention qu'elles avaient à l'égard de mon éducation. Reposez en paix ;
- A mes aînés du laboratoire, Tchakouté Hervé, Kenne Beauderic et Sovi prudence, pour vos conseils et votre disponibilité ;
- A mes camarades de laboratoire, Bakary Djouli, Kondoh Marcel, Ebongue Herman et Lele Alexandre, pour le climat chaleureux qu'ils ont entretenu au laboratoire durant tout notre travail ;
- A mes collègues et amis, Kenne Rodrigue, Ngansop Jerry, Dongmo Nathalie, Magne Sylviane, Wokam Hermione, Kengni Mireille et Chenda Laurice, pour leurs conseils et soutiens ;

● A mes camarades de la promotion 2010-2011 de Master 2 en Chimie Inorganique, pour leur sympathie et les moments passés ensemble ;

● A mes Amis, Sonkoué Christian, Djeuteu Cédric, Kouakam landry, Tchunguia Eric, Kouakam Christel, Sop Berthelot, Kamno Isabelle, Tengou Elodie, Leukeu Fernandaise, Tchagang Claudia, Djaleu Julie, Mbeuhaté Eliane, Djeukam Stelle, Deutou Laure, Liegui Sandrine et Mballa Carrel, pour vos conseils et votre soutien.

● Enfin, à tous ceux ou celles que nous avons involontairement omis de citer. Qu'ils trouvent ici l'expression de ma profonde reconnaissance.

TABLE DES MATIÈRES

Comportement thermique des géopolymères obtenus à partir d'une argile kaolinite

LISTE DES ABRÉVIATIONS

ASTM : American Society for Testing Materials

ATG   : Analyse Thermique Gravimétrique

ATD   : Analyse Thermique Différentielle

DRX   : Diffraction de Rayons X

3D   :Réseau tridimensionnel

EDX   : *Energy Dipersive X-ray*

EN   : *European Norm*

ICP-AES : *Inductively Coupled Plasma-Atomic Emission Spectrometry*

IRTF   : Infrarouge par Transformée de Fourier

MEB   : Microscopie Electronique à Balayage

MET   : Microscopie Electronique à Transmission

PVC   : Polychlorure de Vinyle

MPa   : Méga Pascal

RMN-MAS : Résonance Magnétique Nucléaire – (*Magic Angle Spinning*)

LISTE DES FIGURES

LISTE DES TABLEAUX

RESUMÉ

L'objet de ce travail est l'étude du comportement thermique des géopolymères à base d'une argile kaolinite. Les produits obtenus ont été caractérisés au moyen de plusieurs techniques : analyses thermiques (ATD, ATG et dilatométrie), microscopie électronique à balayage (MEB), analyse par diffraction de rayons X (DRX), analyse infrarouge par transformée de Fourier (IRTF). Certaines propriétés physiques des produits obtenus ont également été déterminées : retrait linéaire de cuisson, pourcentage d'absorption d'eau et résistance à la compression. Les résultats obtenus montrent qu'après le séchage et à la fin du traitement thermique, les éprouvettes des produits conservent leur forme initiale mais présentent une variation de couleur en fonction de la température de traitement. Les produits obtenus à 90, 300 et 500 °C contiennent de l'hydroxysodalite. La réaction de synthèse géopolymère n'est pas encore terminée au moins à 300 °C (présence de kaolinite dans le matériau) mais les produits obtenus sont assez consolidés. Les géopolymères obtenus présentent de faibles valeurs de retrait linéaire de cuisson (inférieure à 0,6 %) et une résistance à la compression qui augmente de la température ambiante (4,9 MPa) jusqu'à 400 °C (8,9 MPa) puis devient constante entre 400 et 500 °C. L'ensemble de ces résultats permet de mettre en exergue l'efficacité du paramètre « température » au cours de la synthèse des géopolymères à base de kaolinite.

Mots clés : Géopolymère ; kaolinite ; température ; résistance à la compression.

ABSTRACT

The aim of this work is to study the thermal behavior of geopolymers derived from kaolinite (clay). The geopolymers were characterized byvarious technics: Thermal analysis (DTA, TGA and dilatometer), X-ray diffractography (XRD), scanning electron microscopy (SEM) and Fourier transform infrared spectroscopy (FTIR). Certain physical properties of the products were equally determined: linear shrinkage of curing, percentage of water absorption and compressive strength. The results obtained after drying and thermal treatment showed that the products preserved their initial forms, but showed variable colours based on the temperatures they were treated at. The products obtained at 90, 300 and 500 °C contained hydroxysodalite. The synthesis of geopolymers is not complete at 300 °C (presence of kaolinite in the material) but the products obtained are quite consolidated. The geopolymers obtained have weak values of linear shrinkage of curing (less than 0.6 %) and the compressive strength increases from room temperature (4.9 Mpa) up to 400 °C (8.9 MPa) then becomes constant between 400 and 500 °C. The combination of results demonstrates the efficiency of the temperature parameter during the synthesis of geopolymers based on kaolinite.

Key words: Geopolymer; kaolinite; temperature; compressive strength.

INTRODUCTION

Le globe terrestre regorge d'une grande diversité de matériaux que l'homme utilise à des fins diverses : construction, production d'énergie, alimentation, médecine, etc. Les géopolymères sont une classe de matériaux synthétiques obtenus à partir de certains matériaux du globe terrestre (aluminosilicates) au cours de leur interaction avec un milieu très fortement basique. L'homme utilise ces géopolymères dans des domaines divers : génie civil, automobile, aérospatiale, métallurgie, fonderie non-ferreuse, plastiques, gestion des déchets, architecture, restauration des bâtiments, etc. (Herman, 1999 ; Davidovits, 2002 ; Liew et al., 2011).

Introduit pour la première fois en 1979 par Davidovits, le terme géopolymère désigne des polymères inorganiques à structure tridimensionnelle constitués par des tétraèdres de SiO_4 et de AlO_4 liés entre eux par des atomes d'oxygène (Davidovits, 1991). La charge négative portée par le tétraèdre AlO_4 (où Al est en coordination IV) est compensée par un cation, tel que : Na^+, K^+, Li^+, Ca^{2+}, Ba^{2+} NH_4^+ ou H_3O^+ (Davidovits, 1991). Ces matériaux présentent une bonne stabilité thermique, résistent aux attaques acides et sont dotés de bonnes propriétés mécaniques (Muniz-V et al., 2011; Davidovits, 2011).

Plusieurs auteurs ont synthétisé les géopolymères à partir de diverses sources d'aluminosilicates : les argiles kaolinites, la métakaolinite, les cendres volantes, les scories volcaniques, les laitiers des hauts fourneaux, les pouzzolanes, etc. (Sabir et al., 2001 ; Van Jaarsveld et al., 2002 ; Cheng et Chiu 2003 ; Davidovits, 2011 ; Lemougna et al., 2011 ; Tchakoute et al., 2012). Au cours de cette géosynthèse, la plupart des travaux jusqu'ici effectués ont utilisé comme source d'aluminosilicate la métakaolinite qui résulte de la deshydroxylation de la kaolinite (Duxson, 2006 ; Buchwald et al., 2009 ; Rovnanik, 2010 ; Elimbi et al., 2011 ; Muniz-V et al.,2011). Le choix de la métakaolinite tient de la faible réactivité de la kaolinite, particulièrement à la température ambiante (Liew et al., 2011). Toutefois la kaolinite peut présenter une certaine réactivité qui permet d'obtenir dans certaines conditions, des matériaux de construction par synthèse géopolymère (Boutterin et Davidovits, 2003 ; Alshaaer et Tair, 2009 ; Rahier et al., 2010 ; Yousef et al., 2010 ; Khoury et al., 2011).

Au Cameroun, les matériaux argileux kaolinitiques sont assez représentés (Njopwouo, 1984 ; Njoya et al., 2006). Cependant les recherches sur leur valorisation dans le domaine de la synthèse géopolymère sont à peine amorcées (Lemougna, 2008 ; Akono, 2009). Or, la production des matériaux de construction par géopolymérisation peut être d'un avantage économique évident.

L'objet de ce travail porte sur le comportement thermique des géopolymères obtenus à partir d'une argile kaolinite. Le plan de notre travail s'articule autour de trois chapitres. Le premier chapitre est consacré aux généralités sur les géopolymères. Dans le second chapitre nous présentons les matériaux utilisés et décrivons les différentes techniques de préparation des géopolymères ainsi que les méthodes employées pour les caractériser. Le troisième chapitre rapporte les résultats obtenus et leurs discussions. Enfin une conclusion dans laquelle nous présentons nos principaux résultats ainsi que les perspectives de cette étudemet un terme à ce travail.

CHAPITRE 1 : REVUE BIBLIOGRAPHIQUE

1. Généralités sur les géopolymères

1.1 Définition et Historique

Le terme « Géopolymère », désigne des polymères minéraux synthétiquesà structure tridimensionnelle de la famille des aluminosilicates. (Muniz-V. et *al*., 2011). Cette expression a été introduite pour la première fois, en 1979 par Joseph Davidovits(Delatte et Facy, 1993 ; Prud'homme et *al*., 2011).

En effet, suite aux multiples incendies catastrophiques survenus en France dans la période allant de 1970 à 1973 et dont la gravité est attribuée pour la plupart aux matériaux de décoration de type polyester utilisés (Delatte et Facy, 1993 ; Davidovits, 2011), il est devenu impératif de produire sur le marché de nouveaux matériaux plastiques qui résistent au feu, des matériaux ininflammables et incombustibles. C'est dans ce contexte que Davidovits décide d'orienter ses travaux vers la conception de nouveaux matériaux. Dans cette quête, il remarque une similarité dans les conditions de synthèse de certains matériaux plastiques organiques d'une part, et de minéraux feldspathoïdes et zéolites résistants au feu d'autre part. Ces deux types de synthèse se déroulent en milieu alcalin concentré, à la pression atmosphérique et à une température inférieure à 150° C (Delatte et Facy, 1993 ; Davidovits, 2002). Enfin, la revue de la littérature montre qu'à cette période, l'exploitation de la géochimie de ces minéraux pour l'élaboration de liants et des polymères minéraux n'est pas encore assez investiguée (Davidovits, 1991).

Ceci a conduit à l'élaboration, dans la période allant de 1973 à 1976, aux premiers géopolymères et leur application dans le domaine des matériaux de construction (Davidovits, 2011). Ce sont des panneaux géopolymères agglomérés résistants au feu, sorte de matériau composite constitué d'une matrice de copeaux de bois recouverte par un géopolymère. Ce géopolymère était synthétisé à partir d'un mélange de kaolinite, de quartz et d'une solution d'hydroxyde de sodium, à une température variant de 130 à 200° C (Davidovits, 2002).

La stabilité thermique des géopolymères a amené l'équipe de recherche de Davidovits à orienter ses travaux dans le domaine de l'aéronautique et de la transformation des thermoplastiques (Delatte et Facy, 1993). Par souci d'innovations, les recherches s'orientent vers l'élaboration d'une nouvelle gamme de ciment. En 1983 ceci a aboutià l'élaboration d'un ciment possédant des propriétés mécaniques intéressantes et résistant aux acides. Ce ciment présente notamment une résistance à la compression de 20 MPa, quatre heures après un maintien à 20° C (Davidovits, 2011).

Les propriétés intéressantes des géopolymères ont dès lors suscité de nombreux travaux scientifiques pour leur potentielle application industrielle (Xu et Van Deventer, 2002). Ces matériaux sont actuellement considérés comme des alternatifs aux matériaux traditionnels (plastiques, céramiques, ciment portland) et des efforts croissants de recherche sont entrepris à travers le monde pour leur possible utilisation dans divers domaines. (Yunsheng et *al.*, 2010 ; Rovnanik, 2010 ; Liew et *al.*, 2011).

1.2 Terminologie et chimie des géopolymères

Les géopolymères résultent d'une réaction chimique entre les matériaux aluminosilicates et les solutions alcalines concentrées ; encore appelées solutions activantes. Le nom chimique utilisé pour désigner les géopolymères est poly(sialate). Sialate est une abréviation de silicon-oxo-aluminate et le réseau sialate est constitué des tétraèdres SiO_4 et AlO_4 liés alternativement par la mise en commun de tous les atomes d'oxygène (Davidovits, 1991). La figure 1 présente la structure de base du réseau sialate.

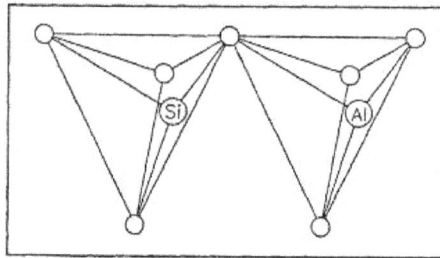

Figure 1 : Structure de base du réseau sialate (tétraèdres SiO_4 et AlO_4).

Les poly(sialates) ont pour formule empirique : $M_p\{(SiO_2)_zAlO_2\}_p.wH_2O$ où M désigne un cation, P est le degré de polycondensation, z valant 1, 2 ou 3 et w décrivant l'hydratation du composé. Les poly(sialates) sont décrits comme étant des chaînes et des anneaux de polymères avec des cations Si^{4+} et Al^{3+} en coordination IV, avec des anions O^{2-} (Davidovits, 1991). La figure 2 présente la structure de ces polymères.

$$\left[\begin{array}{c} \\ -O-\underset{\underset{O}{|}}{\overset{\overset{O}{|}}{Si}}-O-\underset{\underset{O}{|}}{\overset{\overset{O}{|}}{Al}}-O- \\ \end{array}\right]_p \quad \left[\begin{array}{c} \\ -O-\underset{\underset{O}{|}}{\overset{\overset{O}{|}}{Si}}-O-\underset{\underset{O}{|}}{\overset{\overset{O}{|}}{Al}}-O-\underset{\underset{O}{|}}{\overset{\overset{O}{|}}{Si}}-O- \\ \end{array}\right]_p \quad \left[\begin{array}{c} \\ -O-\underset{\underset{O}{|}}{\overset{\overset{O}{|}}{Si}}-O-\underset{\underset{O}{|}}{\overset{\overset{O}{|}}{Al}}-O-\underset{\underset{O}{|}}{\overset{\overset{O}{|}}{Si}}-O-\underset{\underset{O}{|}}{\overset{\overset{O}{|}}{Si}}-O- \\ \end{array}\right]_p$$

z = 1 : Poly(sialate)   z = 2 : Poly(sialate-siloxo)   z = 3 : Poly(sialate-disiloxo)

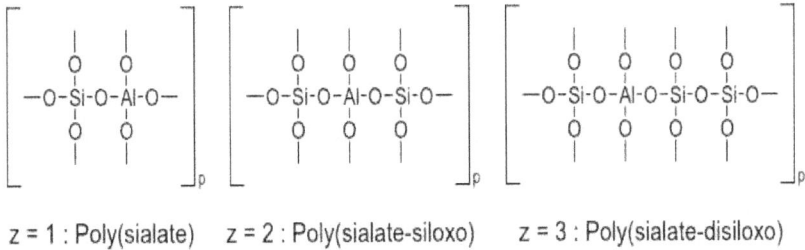

Figure 2 : Structure des poly(sialates)

La structure sialate comporte une charge négative qui est compensée par un cation, tels que : Na^+, K^+, Li^+, Ca^{2+}, Ba^{2+} NH_4^+ ou H_3O^+ (Davidovits, 1991). Les poly(sialates) n'autorisent pas la formation des liaisons Al-O-Al. Bien qu'elles soient thermodynamiquement défavorables ; elles ne sont pas impossibles (Duxson, 2006).

Quelque temps après que Davidovits ait utilisé la nomenclature poly(sialates) pour décrire la structure des géopolymères, de nombreuses études sur les zéolites et les minéraux aluminosilicates ont été menées. Une nouvelle notation a été introduite par Engelhardt, pour décrire les squelettes des aluminosilicates alcalins : la notation $Q^n(mAl)$, où n est le nombre de coordination de l'atome central de silicium (Si) avec des atomes de Si ou d'aluminium (Al) comme seconds voisins, m étant le nombre de Al second voisin, avec $0 \leq m \leq n \leq 4$. (Duxson, 2006). La figure 3 présente la structure de base tridimensionnelle de la notation $Q^n(mAl)$ où n est égal à 4, correspondant à la valeur observée dans la matrice géopolymère.

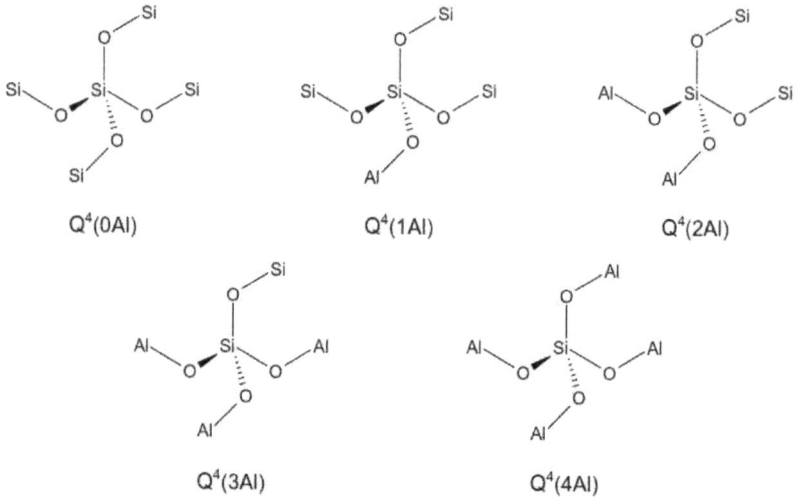

Figure 3 : Structure de base tridimensionnelle de la notation $Q^n(mAl)$ (Duxson, 2006).

Le mécanisme de la réaction de géopolymérisation n'est pas encore entièrement élucidé, les travaux sur le processus de cette réaction étant encore récents par rapport à la découverte des géopolymères. La majorité des mécanismes proposés dans un premier temps consistait en deux étapes : une dissolution du minéral d'aluminosilicate dans la solution alcaline activatrice, suivie d'une polycondensation conduisant à un gel amorphe (Xu et Van Deventer, 2000).

Des études plus récentes proposent un mécanisme de réaction selon trois étapes (Xiao et al., 2009) :

La déconstruction : il s'agit de la dissolution de l'aluminosilicate dans la solution alcaline, c'est-à-dire la rupture des liaisons Si-O-Si et Si-O-Al pour former des précurseurs réactifs $Si(OH)_4$ et $Al(OH)_4^-$ dans la solution ;

La polymérisation : les monomères $Si(OH)_4$ et $Al(OH)_4^-$ réagissent entre eux pour donner les oligomères$AlSi_2O_2(OH)_8^-$ d'aluminosilicatesqui se condensent en un gel ;

La stabilisation : le gel formé subit probablement une réorganisation pour donner un grand réseau.

La réaction de géopolymérisation peut être illustrée par les équations suivantes (Rovnanik, 2010) :

$$2SiO_2.Al_2O_3 + 3HO^- + 3H_2O \longrightarrow 2[Al(OH)_4]^- + [SiO_2(OH)_2]^{2-}$$

$$[Al(OH)_4]^- + [SiO_2(OH)_2]^{2-} \xrightarrow{-H_2O} \begin{array}{c} HO \quad O^- \\ | \quad | \\ HO-Al-O-Si-OH \\ | \quad | \\ HO \quad O^- \end{array}$$

Polycondensation

$$\left[\begin{array}{c} | \quad | \quad | \\ O \quad O \quad O \\ | \quad | \quad | \\ -O-Si-O-Al-O-Si-O- \\ | \quad | \quad | \\ O \quad O \quad O \\ | \quad | \quad | \end{array} \right]_p$$

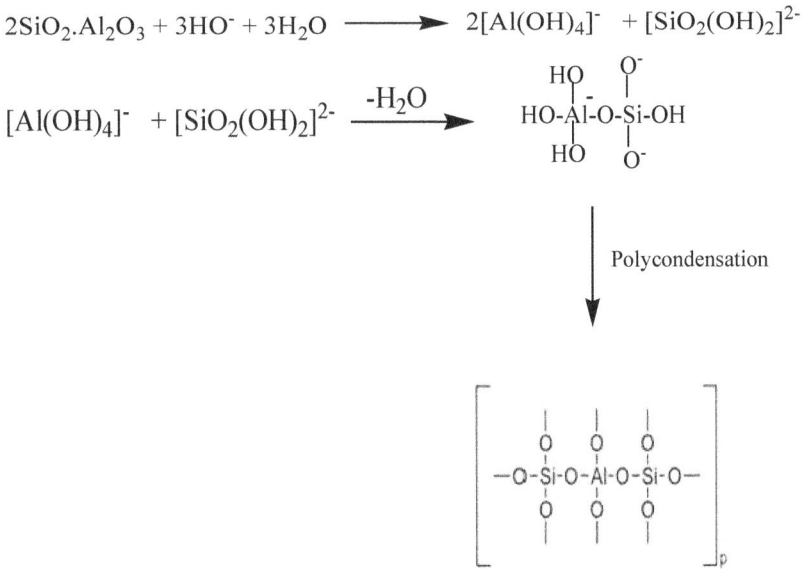

1.3 Matières premières utilisées pour élaborer les géopolymères

Les matières premières utilisées pour synthétiser les géopolymères sont de deux types : les matériaux aluminosilicates et les solutions alcalines.

1.3.1 Matériaux aluminosilicates

La kaolinite et la métakaolinite ont été les premières à être utilisées comme sources d'aluminosilicate pour la synthèse des géopolymères (Davidovits, 2011). Les travaux de Xu et *al*. ont montré qu'en plus de la kaolinite ou de la métakaolinite, un grand nombre de matériaux naturels aluminosilicates peuvent être potentiellement utilisés pour la synthèse des géopolymères. Nous pouvons citer entre autres : la stilbite, la sodalite, l'augite, l'andalusite, l'illite, et l'anorthite (Xu et Van Deventer, 2000). En plus de ces minéraux naturels, de nombreux autres matériaux riches à la fois en oxydes de silice (SiO_2) et en alumine (Al_2O_3) peuvent être utilisés : les cendres volantes, les scories volcaniques, les laitiers des hauts fourneaux, les pouzzolanes et les cendres des cosses du riz (Van Jaarsveld et *al*., 2002 ; Lemougna et *al*., 2011 ; Cheng et Chiu 2003 ; Sabir et *al*., 2001 ; Wongpa et *al*., 2006).

Notons qu'il reste impossible de prédire quantitativement si un matériau aluminosilicate est indiqué pour la géopolymérisation (Xu et Van Deventer, 2000).

1.3.2 Solutions alcalines

Les solutions alcalines (solution activatrice) utilisées pour la synthèse des géopolymères, sont des mélanges d'hydroxydes alcalins (NaOH ou KOH) avec le silicate de sodium ou de potassium (Na_2SiO_3, K_2SiO_3). Des travaux ont montré que la réaction de géopolymérisation est plus rapide lorsque la solution alcaline contient le silicate de sodium ou de potassium comparée à celle ne contenant que l'hydroxyde alcalin (Davidovits, 1991). De même l'utilisation d'une solution d'hydroxyde de sodium par rapport à celle d'hydroxyde de potassium favorise la géopolymérisation et améliore la résistance à la compression des géopolymères (Xu et Van Deventer, 2000).

1.4 Méthodes de caractérisation des géopolymères

Les principales méthodes de caractérisation des géopolymères utilisent les informations tant sur le plan de la structure que de la microstructure.

Sur le plan structural, le premier moyen de caractérisation utilisé est la DRX (Diffraction de Rayons X) ; ainsi,les diffractogrammes des géopolymères présentent généralement un halo diffus (tel que 2θmax compris entre 18 et 40° sur anticathode de cuivre) plutôt que des raies pointues de diffractions (Davidovits, 1991). L'utilisation de cette méthode de caractérisation aboutit à la conclusion que les géopolymères sont des matériaux semi amorphes. Ainsi toute discussion sur la structure des géopolymères basée sur la DRX n'est pas précise, car elle offre une faible résolution pour les matériaux amorphes et elle n'est pas capable de détecter les cristaux d'une taille de 5-10 nm (Duxson, 2006). La figure 4 présente le diffractogramme de quelques géopolymères.

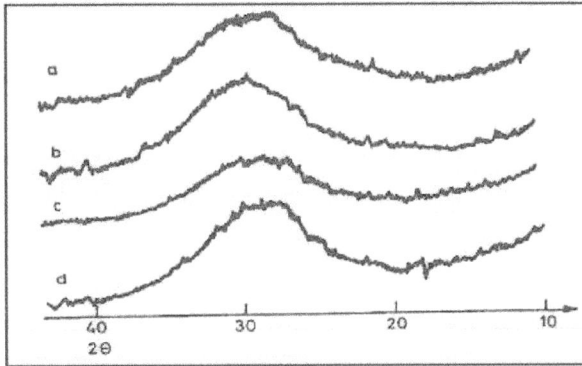

Figure 4 : Diffractogramme de matériaux géopolymériques (Davidovits, 1994).

La DRX est désormais associée à d'autres méthodes spectroscopiques tels que : l'infrarouge par transformée de Fourier (IRTF), qui permet de définir les différentes liaisons dans le matériau et la résonance magnétique nucléaire RMN-MAS (*Magic-Angle-Spinning*) qui fournit des données structurales utiles sur les matériaux d'aluminosilicates (zéolites, argiles, céramiques, ciments, géopolymères) et en particulier la RMN-MAS du silicium (^{29}Si) et de l'aluminium (^{27}Al) (Davidovits, 1991).

Sur le plan microstructural, les techniques microscopiques principalement utilisées pour l'analyse des géopolymères sont : la microscopie électronique à balayage (MEB) et la microscopie électronique à transmission (MET) (Duxson, 2006).

En plus des méthodes d'analyse citées précédemment, plusieurs autres méthodes sont utilisées complémentairement pour la caractérisation des géopolymères ; il s'agit des analyses thermiques (ATD, ATG et analyses dilatométriques) et des mesures mécaniques (Lemougna et *al.*, 2011 ; Zeng et *al.*, 2012 ; Duxson et *al.*, 2006).

1.5 Structure des Géopolymères

La majorité des géopolymères synthétisés à partir des diverses sources de matières premières, sont des mélanges de particules cristallines et/ou semicristallines d'aluminosilicates avec un gel amorphe d'aluminosilicate (Xu et Van Deventer, 2002). Selon Davidovits, les géopolymères ont une structure macromoléculaire semblable à celle des zéolites ; mais sans un ordre régulier sur une grande distance. (Davidovits, 1991 ; Rovnanik, 2010).

En se référant au modèle poly(sialate) proposé par Davidovits, le rapport atomique Si/Al influence la structure des géopolymères. Un ratio faible de Si/Al (1, 2, 3) confère un réseau 3D qui est très rigide. L'augmentation du rapport Si/Al fournit un caractère polymérique au matériau (Institut Géopolymère, 2012). La figure 5 présente la structure proposée par Davidovits pour le géopolymère K-Poly(sialate-siloxo). Dans cet édifice, les tétraèdres SiO_4 et AlO_4 s'enchaînent de façon aléatoire en offrant une structure désordonnée qui possède des cavités occupées par des cations alcalins (Davidovits, 1994).

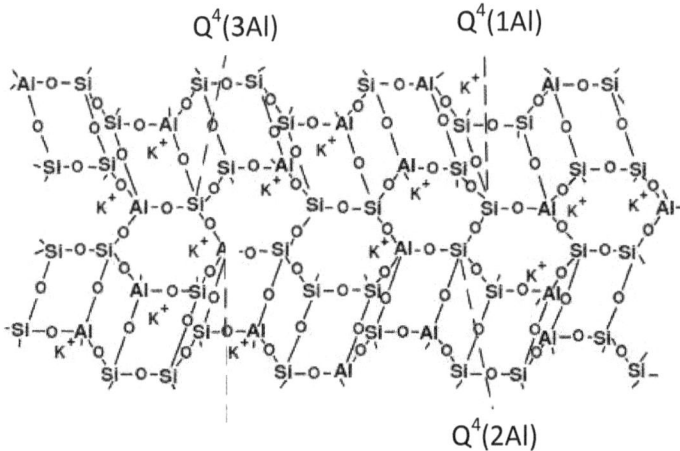

Figure 5 : Structure proposée pour le géopolymère K-Poly(sialate-siloxo) (Davidovits, 1994).

1.6 Propriétés des géopolymères

La synthèse des géopolymères à partir de diverses sources de matières premières aluminosilicates offre la possibilité d'obtenir des matériaux possédant des propriétés physiques et/ou chimiques variables.

En effet la réaction de géopolymérisation a lieu à une température inférieure à 100 °C. En fonction des conditions de synthèse, les produits obtenus peuvent acquérir 70% de leurs propriétés mécaniques finales durant lesquatre premières heures (Van Jaarsveld et Van Deventer, 1996). En particulier, certains ciments géopolymères présentent une résistance à la compression de l'ordre de 20 MPa après 4 heures de maintien à 20°C. Après 28 jours, l'on obtient une résistance à la compression de l'ordre de 70 à 100 MPa (Davidovits, 1994). Par ailleurs les géopolymères résistent assez au feu et aux attaques acides, présentent un faible retrait et une bonne résistance aux cycles gel-dégel (Liew et *al.*, 2011).

Plusieurs travaux(Herman, 1999 ; Van Jaarseld et *al.*, 1996) montrent que la structure des géopolymères présente une faible perméabilité, favorisant leur utilisation pour l'immobilisation des métaux toxiques. D'après Davidovits, l'utilisation du ciment géopolymère dans le génie civil pourrait réduire les émissions de CO_2 de l'industrie cimentière actuelle de 80 % (Davidovits, 1994).

1.7 Facteurs influençant les propriétés des géopolymères

Ces dernières années, dans le souci de comprendre le mécanisme de la géopolymérisation, plusieurs études ont été menées sur les facteurs influençant les propriétés des géopolymères.

Xu et Van Deventer, ont étudié la géopolymérisation de 15 minéraux naturels d'aluminosilicates. Il ressort de ces travaux qu'une solubilité accrue de ces minéraux dans la solution alcaline, améliore la résistance à la compression des géopolymères obtenus. Par ailleurs, cette étude montre que la résistance à la compression des géopolymères est influencée par des facteurs tels que : le pourcentage de CaO et de K_2O, le rapport molaire Si/Al dans le minéraux ; le type de solution alcaline (NaOH ou KOH) et le ratio Si/Al de la solution activatrice (Xu et Van Deventer, 2000).

Les travaux de Davidovits ont montré que la réaction de géopolymérisation est plus rapide lorsque la solution activatrice contient le silicate de sodium ou de potassium comparée à celle ne contenant que de l'hydroxyde alcalin (Davidovits, 1991).

Rovnanik a étudié l'effet de la température sur les propriétés des géopolymères à base de métakaolinite. Il ressort de ses travaux que l'augmentation de la température de synthèse des géopolymères améliore leur propriété mécanique et augmente la taille et le volume total des pores (Rovnanik, 2010). Une étude similaire réalisée par Muniz-V et *al.*,a montré qu'il existe une température optimale de traitement (60°C) à laquelle les géopolymères présentent de meilleures propriétés mécaniques et physiques (Muniz-V et *al.*, 2011).

Shindhunata et *al.* ont montré que l'augmentation de la température de traitement accroit la dissolution des précurseurs et le taux de polycondensation dans la réaction de géopolymérisation (Shindhunata et *al.*, 2006).

Van Jaarseld et *al.* ont montré qu'une vitesse de chauffe et/ou une température élevée font apparaître des craquelures et ont un effet négatif sur les propriétés physiques des géopolymères à base du mélange cendres volantes/kaolinite (Van Jaarseld et *al.*, 2002).

Duxson a étudié l'évolution des propriétés mécaniques et de la microstructure des géopolymères à base de métakaolinite pour des rapports Si/Al compris entre 1,15 et 2,15. Il obtient une meilleure résistance à la compression pour un rapport Si/Al égale 1,90. Les analyses microstructurales montrent que les matériaux présentent une porosité importante et sont peu structurés pour Si/Al ≤ 1,40, tandis que pour Si/Al ≥ 1,65 les matériaux ont des pores de l'ordre du micron et sont plus homogènes (Duxson, 2006). De Silva et *al.* ont étudié le rôle de la silice (SiO_2) et de l'alumine (Al_2O_3) dans la cinétique de la géopolymérisation. Ils ont remarqué que le temps de prise augmente avec le ratio SiO_2/Al_2O_3 (De Silva et *al.*, 2007).

1.8 Utilisations des géopolymères

Compte tenu des propriétés physiques et chimiques des géopolymères, des progrès technologiques ont été faits dans le sens du développement de leurs applications : génie civil, automobile, aérospatiale, métallurgie, fonderie non-ferreuse, plastiques, gestion des déchets, architecture, restauration des bâtiments, etc. (Herman, 1999 ; Davidovits, 2002 ; Liew et *al.*, 2011).

Dans le génie civil, on note l'élaboration de nouveaux ciments géopolymères à l'instar du ciment américain PYRAMENT ultra rapide et à haute performance, commercialisé aux États-Unis depuis 1988. Il est un produit idéal pour la réparation et la construction des pistes d'atterrissage en bétons (Davidovits, 2002).

Dans l'aérospatiale, on note l'utilisation des moules et des outils en géopolymères réfractaires pour le coulage en toute sécurité des alliages très corrosifs Aluminium/Lithium à l'état liquide ((Institut Géopolymère, 2012).

Dans le domaine automobile, on note l'utilisation des composites carbone/géopolymères pour la protection thermique des voitures de courses ((Institut Géopolymère, 2012).

Dans le domaine du traitement des déchets, on note l'utilisation des ciments géopolymères pour l'encapsulation des déchets toxiques et radioactifs (Herman, 1999). La figure 6 résume les applications des géopolymères en fonction du ratio Si/Al dans la structure poly(sialate).

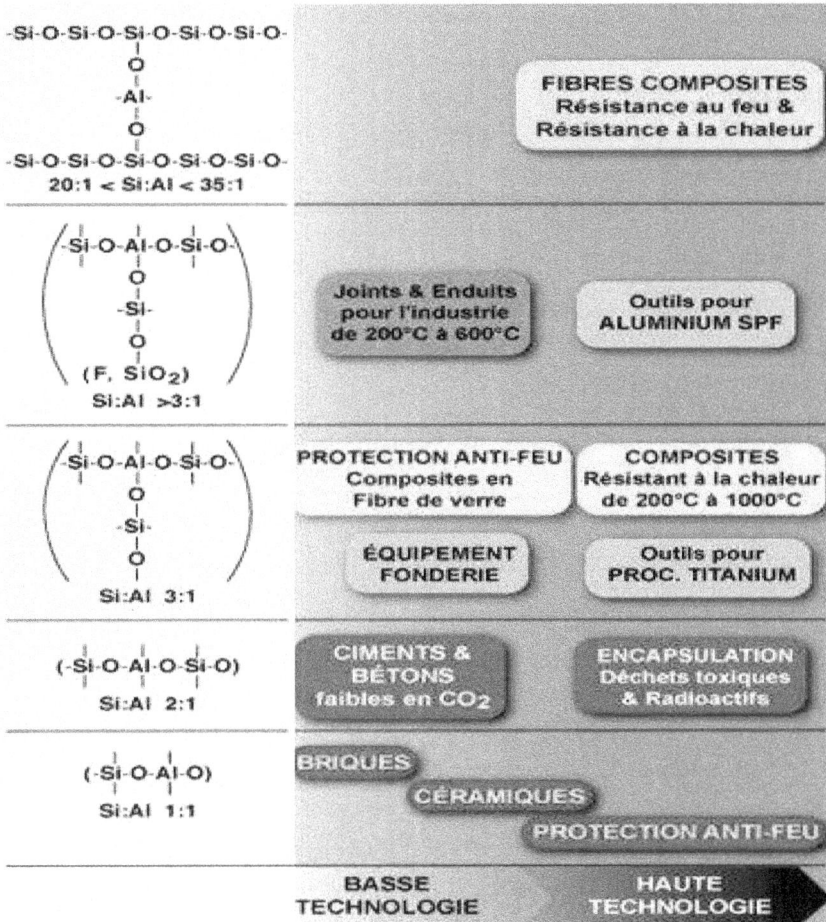

Figure 6 : Applications des géopolymères en fonction du ratio Si/Al dans la structure poly(sialate) (Institut Géopolymère, 2012).

CHAPITRE 2 : MATÉRIAUX UTILISÉS ET MÉTHODES EXPÉRIMENTALES

2.1 Matériaux utilisés

Notre étude a utilisé deux matières premières : une argile kaolinite et une solution alcaline (solution activatrice).

2.1.1 Matériau argileux

Le matériau argileux est un kaolin qui nous a été fourni par le groupe NUBRU Holding (partenaire) ; travaillant pour la valorisation de certaines matières premières camerounaises.

2.1.2 Solution alcaline

La solution alcaline (solution activatrice) utilisée est le mélange d'une solution aqueuse d'hydroxyde de sodium et d'une solution de silicate de sodium. La solution d'hydroxyde de sodium a été obtenue par dissolution dans l'eau distillée des pastilles de soude ayant une pureté de 99%. La solution de silicate de sodium a pour composition chimique massique : 28,7% SiO_2, 8,9% Na_2O et 62,4% H_2O. La solution de silicate de sodium a une masse volumique égale 1350 Kg / m^3.

2.2 Méthodes expérimentales

2.2.1 Enrichissement du kaolin en phase minéralogique argileuse

Les matériaux argileux contiennent des aluminosilicates plus ou moins hydratés. Ces derniers sont caractérisés par une faible granulométrie (inférieure à 2 μm) et le quartz est généralement l'une des impuretés majeures dans les kaolins. L'enrichissement de notre kaolin en phase minéralogique argileuse a été effectué par tamisage humide.

En effet le matériau argileux a été trempé dans un récipient contenant de l'eau permutée à laquelle on a ajouté quelques gouttes de défloculant (Dolaflux à 5‰) puis l'ensemble est homogénéisé par agitation mécanique. Le mélange obtenu a été laissé au repos pendant 24 heures. Pour la suite, il a été tamisé avec un tamis d'ouverture de maille 100 μm.

Le filtrat a été laissé au repos pour la décantation. Après élimination de l'eau surnageante, la fraction argileuse obtenue est d'abord séchée dans l'air atmosphérique puis à 105 °C dans une étuve de marque *Heraeus* jusqu'à poids constant. L'argile séchée est broyée dans un mortier en porcelaine puis tamisée jusqu'à passage intégral à travers un tamis d'ouverture de maille 80 μm.

2.2.2 Caractérisation de la fraction argileuse

2.2.2.1 Analyse chimique

La détermination de la composition chimique de la phase minéralogique argileuse a été effectuée par ICP-AES (*InductivelyCoupled Plasma-Atomic Emission Spectrometry*). Cette méthode permet la détermination des éléments majeurs du matériau sous forme de pourcentages massiques de leurs oxydes les plus stables. Ces analyses ont été effectuées dans le Laboratoire de Démo-Center à l'Université de Modena (Italie).

2.2.2.2 Analyses thermiques

2.2.2.2.1 Analyse thermique différentielle

L'analyse thermique différentielle (ATD) met en évidence les réactions exothermiques ou endothermiques qui ont lieu lors des différentes transformations pouvant se produire au cours du chauffage d'un échantillon de matériau. En ATD, on enregistre la différence de température (DT) entre l'échantillon étudié et une substance de référence qui ne manifeste aucun accident thermique dans la zone de température explorée. D'une manière générale, aux réactions endothermiques (DT<0) peuvent correspondre successivement le départ de l'eau absorbée, interfoliaire ou de constitution. Aux réactions exothermiques (DT>0), il peut correspondre la formation de nouveaux composés comme par exemple, la phase spinelle à partir du métakaolin à 980°C (Rollet et Bouaziz, 1972).

L'appareil utilisé est un analyseur de marque SDT 2960 *Simultaneous DSC-TGA thermal analysis Instruments*. Les matériaux sont mis à chauffer de la température ambiante jusqu'à 1100°C à une vitesse de 10°C/min soit sous un flux d'azote. La vitesse d'écoulement du gaz porteur étant de 100 mL. min⁻¹. Ces analyses ont été effectuées dans le Laboratoire de Démo-Center à l'Université de Modena (Italie).

2.2.2.2.2 Analyse thermogravimétrique

L'analyse thermogravimétrique (ATG) consiste à enregistrer les pertes de masse d'un échantillon de matériau en fonction de la température, liées à des réactions chimiques ou à des départs de constituants volatils adsorbés ou combinés dans un matériau. Les températures où interviennent ces pertes de masses constituent des informations complémentaires à celles obtenues par ATD pour l'identification des phénomènes physico-chimiques impliqués, les deux caractérisations étant souvent effectuées simultanément dans le même appareil.

Pour cette analyse, la masse d'échantillon à analyser est comprise entre 10 et 20 mg. Le matériau est placé dans un porte-échantillon en céramique d'une balance de précision. Ce porte échantillon est introduit dans un four permettant de soumettre le matériau à des cycles de températures (montées, descentes, isothermes) tout en mesurant l'évolution de sa masse en fonction de la température de manière continue. Les diagrammes qui sont présentés correspondent à la perte de masse en fonction de la température, et à la courbe dérivée de cette première. Ces analyses ont été effectuées dans le Laboratoire de Démo-Center à l'Université de Modena (Italie).

2.2.3 Spectrométrie Infrarouge par Transformée de Fourier

La spectrométrie infrarouge par transformée de Fourier (IRTF) permet de déterminer les différents types de liaisons chimiques d'un échantillon de matériau. Les différents groupements chimiques constitutifs de la matière possèdent des niveaux de vibrations qui correspondent à des énergies précises. Lorsque l'on excite une molécule à son énergie de vibration propre, celle-ci absorbe l'énergie incidente. Ce phénomène physique est utilisé dans l'étude par la spectrométrie infrarouge par transformée de Fourier.

Pour cette analyse, les échantillons de matériau ont été finement broyés à une granulométrie inférieure ou égale à 80 μm, un faisceau incident infrarouge est envoyé à travers le spécimen que l'on souhaite analyser, seules les longueurs d'onde correspondant à une énergie égale aux niveaux de vibration des molécules de l'échantillon sont absorbées. Les spectres obtenus présentent des bandes qui correspondent aux absorptions caractéristiques de différentes liaisons présentes dans l'échantillon de matériau.

Les analyses IRTF ont été effectuéesdans le Laboratoire de Chimie Analytique de l'Université de Yaoundé I (Cameroun). L'analyse a été effectuée en mode absorbance dans un domaine de nombre d'onde compris entre 4000 et 400 cm^{-1} à l'aide d'un spectromètre de type *Bruker Alpha–P*.

2.2.4 Analyse par diffraction de rayons X

La diffraction de rayons X (DRX) est l'une des techniques couramment utilisées pour l'identification des phases cristallisées contenues dans un matériau. Nos diagrammes de diffraction des rayons X ont été obtenus à l'aide d'un diffractomètre de marque *Philip PW*

3050/60, opérant par réflexion du rayonnement $K\alpha_1$ du cuivre (λ= 1,5405 Å). Le domaine angulaire balayé est $5° \leq 2\theta < 80°$. Le dépouillement des diffractogrammes obtenus passe par plusieurs étapes : les pics sont identifiés ainsi que les valeurs des angles de diffraction 2θ ; à l'aide de la relation de Bragg ($\lambda = 2d_{hkl}\sin\theta$), les valeurs des équidistances des plans réticulaires hkl (d_{hkl}) sont calculées et l'utilisation des données fournies par la littérature permet l'identification des pics. Pour l'identification d'une phasecristalline, il faut rechercher d'abord les trois raies principales ensuite confirmer son existence par comparaison avec celles des fichiers ASTMde la dite phase.

Les analyses par DRX ont été réalisées au Laboratoire Démo-Center à l'Université de Modena (Italie).

2.2.5 Préparation des solutions alcalines

Pour nos travaux, la solution alcaline utilisée résulte du mélange d'une solution aqueuse de soude (10 M) avec la solution de silicate de sodium. La quantité de silicate de sodium équivaut à 7 % de la masse de la solution de soude. La liqueur liante obtenue a été laissée à la température ambiante (25 ± 3 °C) du laboratoire pendant au moins 24 heures avant son utilisation.

2.2.6 Formulation des pâtes pour géopolymères et façonnage des éprouvettes

Pour élaborer les pâtes des géopolymères, l'argile est mélangée à la liqueur liante dans un rapport massique (solution alcaline / argile) égal à 1,1.

En effet, les masses d'argile et de liqueur liante sont mélangées dans le rapport massique 1,1 pendant 10 minutes (4 minà vitesse lente et 6 min à vitesse rapide) dans un malaxeur de marque *M & O, modèle N50-G*(Figure 7). La pâte obtenue est utilisée pour le façonnage des éprouvettes d'expérimentation. Pour nos travaux, trois types d'éprouvettes ont été élaborés : ceux pour l'étude dilatométrique, ceux pour les mesures du pourcentage d'absorption d'eau et ceux pour les mesures mécaniques.

- Pour l'étude dilatométrique, les éprouvettes dénommées GPD ont été façonnées à l'aide de moules parallélépipédiques en plastiques (71 x 5 x 5 mm).
- Pour les mesures mécaniques, les éprouvettes dénommées GPM ont été élaborées grâce aux moules cylindriques en PVC (diamètre = 30 mm et hauteur = 60 mm). Une fois moulé, l'ensemble est vibré pendant 10 minutes

sur une table vibrante électrique de marque *M & O*, type *202, N° 106* (Figure 8) pour expulser l'air emprisonné par les particules des matériaux lors du malaxage.

- Pour les mesures du pourcentage d'absorption d'eau, les éprouvettes dénommées GPE ont été élaborées à l'aide de moules cylindriques en PVC (diamètre = 20 mm et hauteur = 18 mm).

Après le moulage, les trois types d'éprouvettes (GPD, GPM, GPE) sont laissés pendant 24 heures à la température ambiante du laboratoire (25 ± 3 °C) puis à 90 °C dans une étuve de marque *Heraeus (VT 50.42 Ek)* pendant 24 heures pour accélérer le durcissement. Le démoulage est effectué après les opérations précédentes et les éprouvettes sont ensuite conservées dans un endroit sec pendant 28 jours.

Figure 7 : Malaxeur de marque *M & O, modèle N50-G*

Figure 8 : Table vibrante électrique de marque *M & O*, type *202, N° 106*

2.2.7 Traitement thermique des éprouvettes géopolymères

Après le démoulage au 28ième jour, les trois types d'éprouvettes (GPD, GPM, GPE), après refroidissement à la température ambiante du laboratoire, sont traités thermiquement pendant 2 heures aux températures suivantes : 200, 300, 400 et 500 °C. La cuisson a été effectuée dans un four programmable de marque *Nabertherm* (Figure 9), selon une montée en température de 2 °C / min pour éviter les fissures dans le matériau (Van Jaarseld et *al*., 2002). Cette manipulation a été réalisée dans le laboratoire de Physico-chimie des Matériaux Minéraux de l'Université de Yaoundé I.

Figure 9 : Four programmable de marque *Nabertherm*

2.2.8 Caractérisation des géopolymères

Les propriétés des matériaux obtenus ont été évaluées à l'aide des analyses et mesures suivantes : DRX, MEB, IRTF, pourcentage d'absorption d'eau, retrait linéaire de cuisson, dilatométrie et résistance à la compression.

2.2.8.1 Spectrométrie Infrarouge par Transformée de Fourier

Cette analyse a été effectuée à partir des tessons d'éprouvettes géopolymères issusdes mesures mécaniques. Ces derniers ont été pulvérisés dans un mortier en porcelaine puis tamisés jusqu'à passage intégral au travers d'un tamis d'ouverture de maille 80 µm. Seuls les tessons géopolymères d'éprouvettes traités à 90, 300 et 500°C ont été soumis à l'analyse IRTF.

2.2.8.2 Analyse par diffraction de rayons X

Cette analyse a été effectuée sur les tessons d'éprouvettes géopolymères résultant des mesures mécaniques. Ces derniers ont été broyés dans un mortier en porcelaine puis tamisés jusqu'à passage intégral à travers un tamis d'ouverture de maille 80 µm. Seuls les tessons d'éprouvettes géopolymères traités à 90, 300 et 500°C ont été soumis à l'analyse DRX.

2.2.8.3 Microscopie électronique à balayage

La microscopie électronique est un moyen de produire une image avec un signal détectable et résultant de l'interaction entre un faisceau d'électrons et un échantillon cible.

Le principe du balayage consiste à explorer la surface de l'échantillon par lignes successives et à transmettre le signal du détecteur à un écran cathodique dont le balayage est exactement synchronisé avec celui du faisceau incident. Les microscopes à balayage utilisent un faisceau très fin qui balaie point par point la surface de l'échantillon. La microscopie électronique à balayage donne des informations sur les caractéristiques microstructurales d'un matériau. Ces caractéristiques permettent de prédire le comportement mécanique du matériau.

Pour nos travaux, seules les éprouvettes GPE traitées thermiquement à 90, 300 et 500°C ont été soumises à la MEB. L'appareil d'expérimentation utilisé est un *Philip XL 30*. Ces analyses ont été menées dans le Laboratoire de Demo-Center à l'Université de Modena (Italie).

2.2.8.4 Retrait linéaire de cuisson

Les mesures du retrait linéaire de cuisson sont effectuées à l'aide d'un pied à coulisse qui permet de déterminer les variations de longueurdes éprouvettes GPM âgées de 28 jours et traitées à 200, 300, 400 et 500 °C. Pour chaque éprouvette, la longueur avant et après la cuisson a été mesurée.

En désignant respectivement par Lo et L les longueurs de l'éprouvette avant et après le traitement thermique, le retrait linéaire de cuisson est donné par la relation (1) :

$$R_L = \frac{L_0 - L}{L_0} \times 100 \quad (1)$$

2.2.8.5 Pourcentage d'absorption d'eau

Les mesures ont été effectuées selon la normeASTM C 20 – 74 (ASTM, 1979). Pour effectuer un essai, la masse $m_s$del'éprouvette GPE ayant subi un séchage à 105 °C dans une étuve jusqu'à poids constant est déterminée. L'éprouvette est ensuite immergée dans un bécher contenant de l'eau distillée. Le mélange est porté à ébullition pendant 2 heures.

Après un refroidissement de 24 heures, l'éprouvetteestretirée de l'eau et essorée, sa masse humide (m_a) est déterminée.

Le pourcentage d'absorption d'eau (A) de chaque éprouvette est exprimé par la relation (2) :

$$A = \frac{m_a - m_s}{m_s} \times 100 \quad (2)$$

Ces essaisont été réalisés dans le laboratoire de Physico-chimie des Matériaux Minéraux de l'Université de Yaoundé I.

2.2.8.6 Analyses thermiques

2.2.8.6.1 Analyses thermiques différentielle et thermogravimétrique

Les analyses ATD et ATG ont été effectuées sur les poudresdes éprouvettes GPM traitées à 90 °C, après un broyage et un tamisage à 80 μm.

2.2.8.6.2 Analyse dilatométrique

2.2.8.6.2.1 Principe

L'analyse thermodilatométrique consiste à étudier les variations de longueur d'une éprouvette de matériau à analyser en fonction de la température. En effet, lorsqu'aucune transformation ne se produit dans le matériau quand varie la température, la variation de longueur se fait de façon linéaire et régulière ; si par contre une transformation se produit à une certaine température, il en résulte une modification de dimension traduite par une variation sensible du coefficient de dilatation et il apparaît une anomalie sur la courbe de variation de longueur. La dilatation par unité de longueur (dilatation spécifique) est donnée par la relation (3).

$$\Delta = \frac{L_T - L_0}{L_0} \quad (3)$$

L_0 = longueur du matériau à la température ambiante T_0 et L_T = longueur du matériau à la température T.

2.2.8.6.2.2 Mode opératoire

L'appareil utilisé dans le cadre de nos travaux est un dilatomètre mécanique de type Chevenard, modèle D.M. 15 simple (Figure 10). Il permet l'enregistrement mécanique de la courbe dilatation-retrait en fonction de la température jusqu'à 1100 °C.

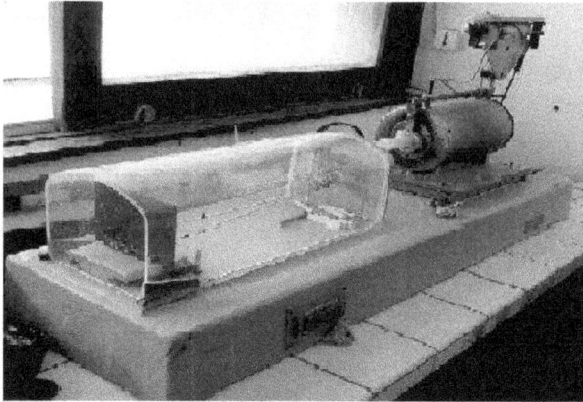

Figure 10 : Dilatomètre mécanique type Chevenard, modèle D.M. 15 simple.

Pour la réalisation d'un thermodilatogramme, l'éprouvette de matériau préalablement dimensionnée à une longueur de 65 mm (L_0) est introduite dans l'un des tubes cylindriques du dispositif d'enregistrement et l'étalon est mis dans l'autre tube ; une tige poussoir est accolée à chacune des éprouvettes et le bloc formant l'ensemble est adapté à la partie du trépied amplificateur.

Après la mesure de température initiale dans le four du dilatomètre (20 – 24 °C), les tubes contenant les éprouvettes sont introduits dans le four, puis thermiquement isolés.

Un papier d'enregistrement est fixé sur le cadre du chariot mobile ; sur ce papier la tige à plume permet de repérer la température initiale du four. Pendant que la température s'élève dans le four, la variation de longueur de l'échantillon est enregistrée. Le même programme de chauffe est adopté pour toute l'étude (5 °C/ min)

Sur le thermodilatogramme obtenu, l'on trace les axes de coordonnées Δ (dilatations spécifiques) et T (Températures) correspondant respectivement aux abscisses (mm) et aux ordonnées (mm). Le type de montage utilisé est tel que suivant les axes des coordonnées nous mesurons les quantités : $\mathbf{x = K_1 L_0 (\Delta\pi - \Delta SiO_2)}$ et $\mathbf{y = K_2 L_0 \Delta éch}$ avec K_1 et K_2 coefficients d'amplification donnés par le constructeur ($K_1 = 87, 8$ et $K_2 = 75$). $\Delta\pi$, ΔSiO_2 , $\Delta éch$ sont respectivement les dilations spécifiques de l'étalon en pyros et les tiges poussoirs en silice amorphe vitreuse. L_0 est la longueur de l'éprouvette de matériau expérimentée (65 mm) à la température de référence T_0 (22 °C).

L'étalon est un alliage de type pyros 56 de forme parallélépipédique et de dimensions (65 x 5 x 5 mm) ; les lois de dilatation de l'étalon pyros et la silice amorphe vitreuse entre 0 et 1150 ° C sont consignées en annexes.

Cette analyse a été réalisée dans le laboratoire de Physico-chimie des Matériaux Minéraux de l'Université de Yaoundé I.

2.2.8.7 Résistance à la compression

La résistance à la compression est mesurée au cours de l'écrasement des éprouvettes GPM âgées de 28 jours, respectivement non traitées thermiquement et sur celles traitées à 90, 200, 300, 400 et 500 °C.

L'essai consiste à soumettre l'éprouvette GPM à une charge continue et progressive à l'aide d'une presse électro-hydraulique *M& O, type 11.50, N° 21* (Figure 11) jusqu'à écrasement. La résistance à la compression est le rapport entre la charge de rupture et la section transversale de l'éprouvette, calculée d'après la relation (4) :

$$\delta = \frac{4.10^3 F}{\pi d^2} (4)$$

δ : Résistance à la compression de l'éprouvette en MPa.

F : charge maximale supportée par l'éprouvette en kN.

d : diamètre de l'éprouvette en mm

Ces essais ont été effectués suivant la norme EN 196-1 (EN, 2004) dans le Laboratoire de Physico-chimie des Matériaux Minéraux de l'Université de Yaoundé 1.

Figure 11 : Presse électro-hydraulique *M& O, type 11.50, N° 21.*

CHAPITRE 3 : RÉSULTATS ET DISCUSSION

3.1 Caractérisation de la fraction argileuse

3.1.1 Analyse chimique

La composition chimique de la fraction argileuse est consignée dans le tableau 1. De cette analyse, il ressort que la fraction argileuse contient d'importantes quantités de silice (43,45%) et d'alumine (37,6%). L'oxyde de fer a un titre égal à (1,98%), tandis que les autres oxydes sont présents avec des teneurs peu élevées. La perte au feu est de (13,8%), valeur pas très éloignée de celle de la kaolinite (13,9%).

Ces résultats laisseraient penser que le quartz et les aluminosilicates sont prédominants dans cette fraction argileuse. Le rapport massique SiO_2/Al_2O_3 est voisin de 1, ce qui indiquerait une forte teneur en kaolinite (Figure 12).

Tableau 1 : Composition chimique de la fraction argileuse (P.F. = perte au feu).

Oxydes	SiO_2	Al_2O_3	Fe_2O_3	TiO_2	K_2O	Na_2O	SO_3	V_2O_5	Cl	P.F.	Total
%	43,45	37,60	1,98	0,93	0,70	0,51	0,06	0,04	0,01	13,8	99,17

3.1.2 Analyse par diffraction de rayons X

Le dépouillement du diffractogramme de rayons X de la phase minéralogique argileuse (figure 1) permet de mettre en évidence la présence de :

- **la kaolinite** [$Si_2O_5Al_2(OH)_4$] dont les raies sont observées à (en Å) 7,21; 1,49 ; 3,58 ; 4,47 ; 4,37 ; 4,17 ; 3,88 ; 3,35 ; 2,56 ; 2,53 ; 2,49 ; 2,38 ; 2,33 ; 2,30 ; 2,19 ; 2 ; 2,12 ; 1,99 ; 1,97 ; 1,94 ; 1,89 ; 1,84 ; 1,82 ; 1,78 ; 1,68 ; 1,66 ; 1,62 ; 1,58 et 1,54(fiche ASTM 14-164) ;
- **quartz** (SiO_2), raies à (en Å) 3,35 ; 4,25 ; 2,12 ; 1,82 ; 2,45 ; 2,30 ; 2,12 ; 1,99 ; 1,97 ; 1,78 ; 1,68 ; 1,66 ; 1,62 ; 1,54 ; 1,45 et 1,43 (fiche ASTM 5-490) ;
- **l'illite** (K_{x+y} [$(Si_{4-x}Al_x)O_{10}(Al_{2-y}Fe^{II}_Y)$ $(OH)_2$] avec les raies à (en Å) 9,96 ; 4,47 ; 3,35 ; 4,99 ; 3,21 ; 2,53 ; 2,49 ; 2,45 ; 2,19 ; 1,99 ; 1,97 ; 1,66 ; 1,54 ; 1,45 et 1,43 (fiche ASTM 9-343) ;
- **la lepidocrocite** [-FeO(OH)] dont les raies sont à (en)3,35 ; 2,38 ; 2,86 ; 2,33 ; 2,12 ; 1,94 ; 1,49 ; 1,58 ; 1,54 à 1,44 (fiche ASTM 8-98).

- **l'anatase**(TiO$_2$) dont les raies sont à (en   ) 3, 58 ; 1,89 ; 2,38 et 1,68 (fiche ASTM 4-447).

Le diffractogramme de rayons X montre que la fraction argileuse est constituée majoritairement de   kaolinite. Le quartz, l'illite, la lepidocrocite et l'anatase sont dans de faibles proportions.

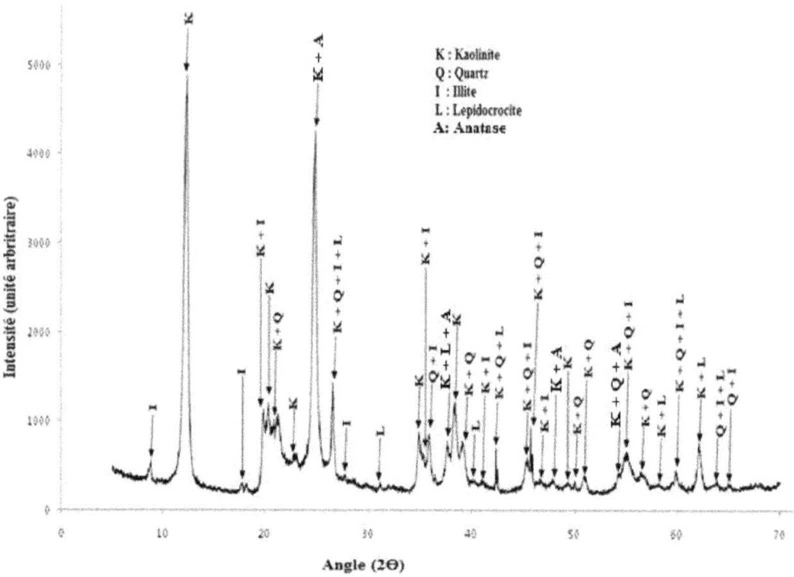

Figure 12 : Diffractogramme de rayons X de la fraction argileuse.

3.1.3 Analyses thermiques différentielle et thermogravimétrique

Dans le but d'obtenir des informations complémentaires avec celles provenant de l'analyse minéralogique donnée par la diffraction de   rayons X, les analyses thermiques différentielle (ATD) et thermogravimétrique (ATG) ont été effectuées sur notre matériau argileux.

La figure 13 présente les thermogrammes d'ATD et d'ATG de la fraction argileuse.

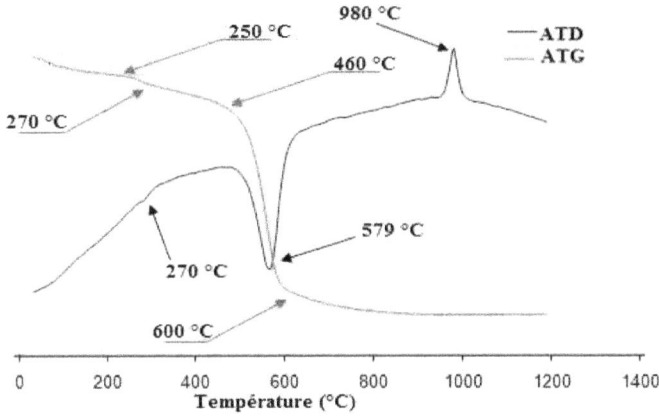

Figure 13 : Thermogrammes d'ATD et d'ATG de la fraction argileuse.

L'exploitation du thermogramme d'ATD permet de mettre en évidence trois phénomènes thermiques :

- Un pic endothermique autour de 270 °C qui correspond à la deshydroxylation de la lepidocrocite (-FeO(OH)) selon l'équation de réaction (1) (Rollet et Bouaziz, 1972) ;

$$2[\text{-FeO(OH)}] \xrightarrow{\ \ 270\text{-}300°C\ \ } \text{-Fe}_2\text{O}_3 + H_2O \quad (1)$$
Lepidocrocitemaghémiteeau

- Un important pic endothermique autour de 579 °C qui correspond à la deshydroxylation de la kaolinite en métakaolinite selon l'équation de réaction (2) (Rollet et Bouaziz, 1972) :

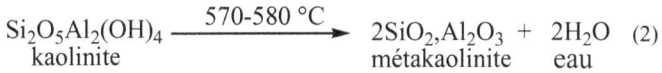

$$\underset{\text{kaolinite}}{Si_2O_5Al_2(OH)_4} \xrightarrow{\ 570\text{-}580\ °C\ } \underset{\text{métakaolinite}}{2SiO_2,Al_2O_3} + \underset{\text{eau}}{2H_2O} \quad (2)$$

- un pic exothermique autour de 980 °C relatif à la réorganisation structurale de la métakaolinite selon l'équation de réaction (3) (Rollet et Bouaziz, 1972) :

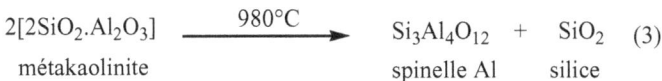

$$\underset{\text{métakaolinite}}{2[2SiO_2.Al_2O_3]} \xrightarrow{\ 980°C\ } \underset{\text{spinelle Al}}{Si_3Al_4O_{12}} + \underset{\text{silice}}{SiO_2} \quad (3)$$

Pour ce qui concerne le thermogramme d'ATG, deux phénomènes thermiques sont révélés :

- une faible perte de masse entre 250 et 270 °C qui correspond bien à la deshydroxylation de la lepidocrocite.
- Une importante perte de masse entre 460 et 600 °C correspondant à la deshydroxylation de la kaolinite.

3.1.4 Spectrométrie Infrarouge par Transformée de Fourier

Le spectre infrarouge par transformée de Fourier (Figure 14) de la fraction argileuse présente quatre domaines d'absorption.

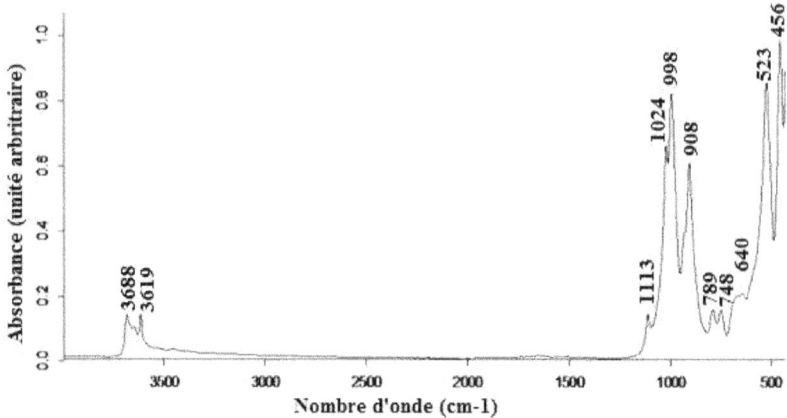

Figure 14 : Spectre infrarougepar transformée de Fourier de la fraction argileuse.

Dans le premier domaine, les bandes à 3688 et 3619 cm^{-1} sont attribuables à la vibration de la liaison O-H des groupements hydroxyles de la kaolinite (Qtaitat et Al-Trawneh, 2005 ; Saikia et al., 2010).

Le second domaine comprend quatre bandes d'absorption. La bande à 1113 cm^{-1} correspond à la vibration de la liaison Si-O de la kaolinite. Les bandes à 998 et 1024 cm^{-1} sont respectivement attribuables aux vibrations d'élongations symétriques et asymétriques de la liaison Si-O-Si dans la kaolinite (Qtaitat et Al-Trawneh, 2005). La vibration à 908 cm^{-1}est attribuable à la déformation de la liaison Al-OH dans la kaolinite (Saikia et al., 2010).

Dans le troisième domaine, les bandes à 789 et 748 cm^{-1}correspondent aux différents modes de vibration de la liaison Si-O-Al^{IV} (où Al est tétracoordonné) dans la kaolinite. La bande à 640 cm^{-1} est attribuable à la vibration de la liaison Si-O-Si dans la kaolinite (Bich, 2005 ; Saikia et *al.*, 2010).

Le quatrième domaine comprend deux bandes d'absorption. Les vibrations à 523 et à 456 cm^{-1} attribuables respectivement aux déformations des liaisons Si-O-Al^{VI} (où Al est hexacoordonné) et Si-O-Si dans la kaolinite (Bich, 2005 ; Saikia et *al.*, 2010).

3.2 Caractérisation des géopolymères

3.2.1 Aspect des éprouvettes

La figure 15 présente les grandes et les petites éprouvettes cylindriques (GPM et GPE) thermiquement non traitées. A la température ambiante du laboratoire, le façonnage a permis leur démoulage 7 jours après le coulage de leur pâte. A leur sortie des moules, ces éprouvettes conservent leur forme pendant tout le temps de séchage. Elles présentent toutefois l'efflorescence. Cette efflorescence résulte de la réaction chimique entre l'excès d'hydroxyde de sodium dissous dans le matériau avec le gaz carbonique contenu dans l'air atmosphérique (Komnitsas et Zaharaki, 2007). A la fin du séchage, les éprouvettes ont la même couleur que le matériau argileux de départ.

Les éprouvettes cylindriques (GPM et GPE) et parallélépipédiques (GPD) maintenues préalablement à 90 °C pendant 24 heures ou traitées à 500 °C sont présentées sur la figure 16. A la fin du séchage et du traitement, les éprouvettes ne subissent ni déformation, ni écornure mais seulement une variation de couleur qui est fonction de la température.

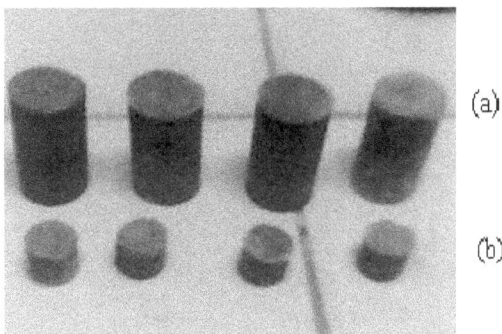

Figure 15 : Les éprouvettes GPM (a) et GPE (b) thermiquement non traitées.

Figure 16 : Les éprouvettes GPM et GPE traitées à 90 °C (a) ou 500 °C (b) ; éprouvettes GPD traitées à 90 °C (c).

3.2.2 Spectrométrie Infrarouge par Transformée de Fourier

La comparaison entre les spectres infrarouges par transformée de Fourier (IRTF) des géopolymères traités à 90, 300 ou 500 °C (Figure 17 b-d) avec celui de la fraction argileuse (Figure 17-a), montre des différences importantes.

En effet, sur les spectres IRTF des matériaux traités à 90 ou à 300 °C, il apparait encore les bandes à 3693 et 3619 cm^{-1} caractéristiques de la liaison (O-H) des groupements hydroxyle de la kaolinite. Ceci montre que pour un traitement thermique atteignant 300 °C la réaction de géopolymérisation est encore incomplète au sein du matériau. Ce résultat permet de mettre en exergue l'efficacité du paramètre « température » au cours de cette synthèse. Ainsi la comparaison des spectres des géopolymères traités à 90 et 300 °C (Figure 17 b et c) avec celui du produit obtenu à 500 °C (Figure 17-d) montre que ce dernier ne contient plus la kaolinite, minéral précurseur de synthèse. Les bandes entre 3432-3405 cm^{-1} et entre 1651-1646 cm^{-1} sont respectivement attribuables aux vibrations d'élongation (H-O) et de déformation (H-O-H) dans les molécules d'eau absorbées ou présentes dans les cavités de la structure des géopolymères (Fernandez et Palomo, 2005 ; Rovnanik, 2010). Les bandes entre 1477 et 1415 cm^{-1} sont attribuables à la vibration d'élongation de la liaison O-C-O, ceci traduit la présence de carbonate de sodium (Barbosa et Mackenzie, 2003). La large bande intense entre 951 et 965 cm^{-1} obtenue pour les traitements à 90, 300 ou à 500 °C, indique bien que les produits correspondant sont différents du matériau argileux de départ. En effet, cette bande est attribuable à la vibration d'élongation asymétrique des liaisons Si-O et Al-O dans les tétraèdres SiO_4 et AlO_4 des géopolymères (Rovnanik, 2010 ; Youssef et al., 2010). Les petites bandes entre 657 et 720 cm^{-1} représentent les vibrations d'élongation symétrique des liaisons Si-O-Si et Al-O-Si dans les géopolymères (Panias et al., 2007).

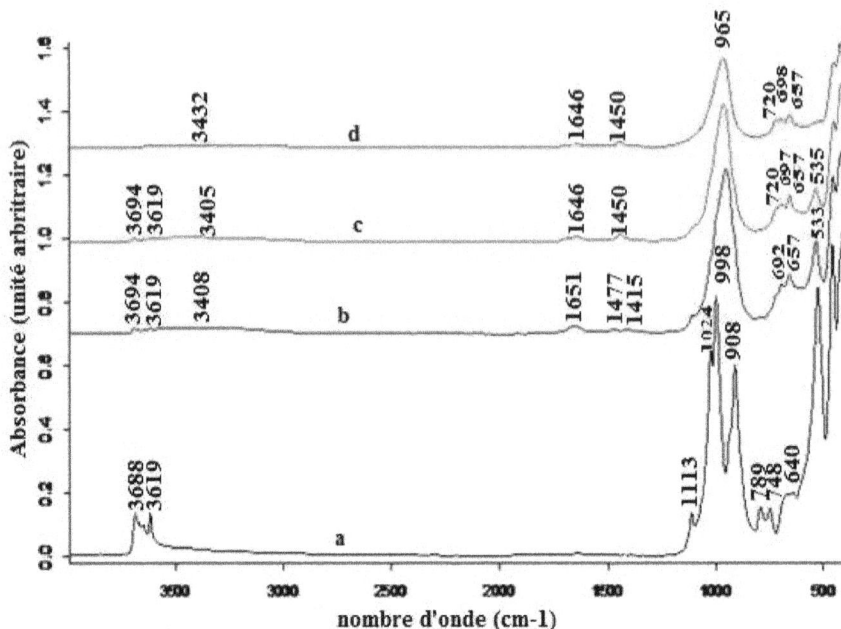

Figure 17 : Spectres IRTF : (a) matériau argileux, (b) géopolymère traité à 90 °C, (b) géopolymère traité à 300 °C, (d) géopolymère traité à 500 °C.

3.2.3 Analyse par diffraction de rayons X

La figure 18 présente les diffractogrammes de rayons X de la fraction argileuse et des produits de synthèse par géopolymérisation, suivi du traitement thermique. Une comparaison entre le diffractogramme de la fraction argileuse (Figure 18-a) avec ceux des produits obtenus (Figure 18 b-d) indique l'importance de la température au cours de cette synthèse. En effet, bien que de nouvelles phases cristallines soient formées au cours de la synthèse géopolymère, l'évolution quantitative de la kaolinite (intensité de sa raie principale à 7,14-7,23), minéral fortement impliqué au cours de ce processus, est sensible à la température. Ainsi les produits géopolymères traités à 90 ou à 300 °C contiennent de la kaolinite. Cependant, la teneur en kaolinite dans le produit traité à 300 °C est moins importante que celle contenue dans le produit obtenu à 90 °C, ce qui confirme la sensibilité de la synthèse géopolymère vis-à-vis de la température.

Le diffractogramme du produit traité à 500 °C indique que la kaolinite n'est plus présente (Figure 18-d). Ce minéral a été totalement consommé dans le processus de géopolymérisation. L'implication de ce minéral dans la synthèse géopolymère sous l'effet de la température est donc en accord avec les résultats obtenus en analyse infrarouge par transformée de Fourrier (Figure 17 et 18-d). Les diffractogrammes des matériaux traités à 90, 300 et 500 °C montrent la formation de l'hydroxysodalite ($Na_4Al_3Si_3O_{12}OH$), composé aussi observé par Zaharaki et *al.* (2010) au cours de la synthèse géopolymère du mélange scories/kaolin.

Il faut enfin noter la présence du quartz et de nombreuses raies sur ces diffractogrammes dont l'identité des phases cristallines n'a pas encore pu être révélée.

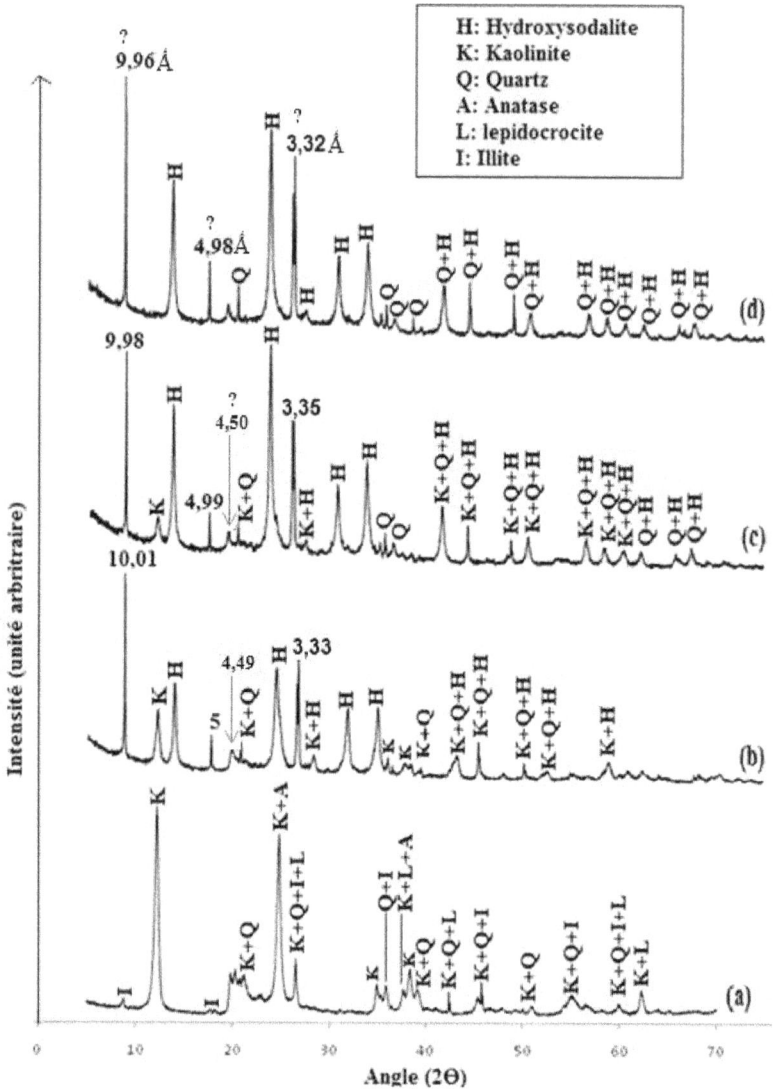

Figure 18 : Diffractogrammes de rayons X : (a) matériau argileux, (b) géopolymère traité à 90 °C, (b) géopolymère traité à 300 °C, (d) géopolymère traité à 500 °C.

3.2.4 Microscopie électronique à balayage

La figure 19 présente les micrographes des géopolymères maintenus respectivement à 90, 300 et 500°C. Pour ces différentes températures, les micrographes obtenus indiquent que les produits se composent de particules ayant la forme de plaquettes qui rappellent celles de la kaolinite (Figure 19-a), de plaquettes de kaolinite qui ont une taille amoindrie (Figure 19-b) du fait de la synthèse géopolymère ou comme des feuillets qui s'interpénètrent tout en semblant se coller les uns sur les autres (Figure 19-c).

Au cours du traitement thermique, il apparaît une phase blanchâtre ou vitreuse dont la teneur est plus importante pour les produits traités à 90 et à 500°C. Les spectres EDX de ces matériaux n'ont pas été effectués, cependant la phase blanchâtre et peu étendue qui est observée sur le micrographe du géopolymère traité à 90°C serait de l'hydrogénocarbonate de sodium ($NaHCO_3$), produit résultant de la réaction chimique (4) qui se produit entre l'hydroxyde de sodium (aqueux) résiduel et le dioxyde de carbone de l'air. La présence de cette phase a par ailleurs été révélée sur le spectre IRTF (figure 17-b) de ce produit.

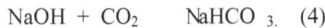

$$NaOH + CO_2 \quad NaHCO_3 \quad (4)$$

Pour ce qui est de la phase apparemment vitreuse à la figure 19-c, elle résulterait de la fusion de la soude résiduelle. Tous ces produits laissent apparaître quelques pores résultant de l'élimination des molécules d'eau contenues dans ces matériaux.

Les produits obtenus à 90 ou à 300°C semblent apparemment plus consolidés, ce qui indique l'importance de la température au cours du processus de géopolymérisation.

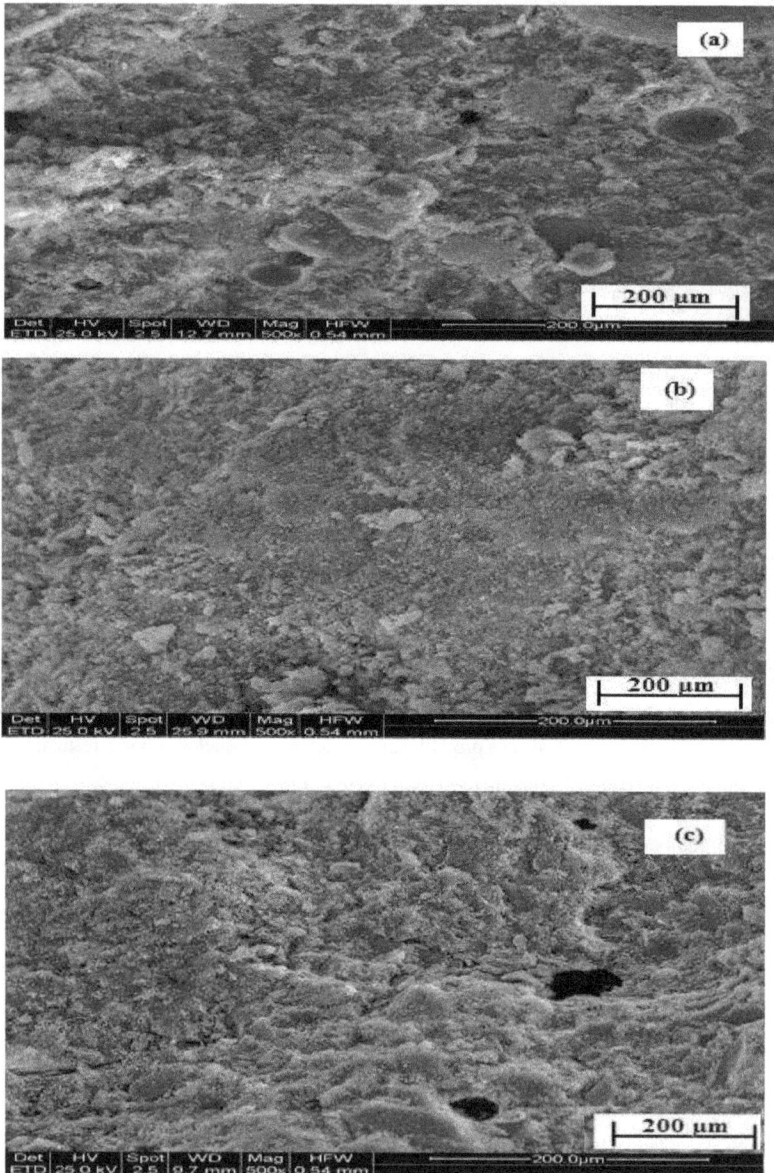

Figure 19 : Micrographes des géopolymères: (a) géopolymère traité à 90 °C, (b) géopolymère traité à 300 °C, (c) géopolymère traité à 500 °C.

3.2.5 Analyses thermiques

3.2.5.1 Analyses thermiques différentielle et thermogravimétrique

La figure 20 présente les thermogrammes de l'analyse thermique différentielle (ATD), de l'analyse thermogravimétrique (ATG) et sa courbe dérivée (TGD) pour le géopolymère traité à 90 °C.

La courbe d'ATD met en évidence quatre phénomènes endothermiques qui correspondent aux températures de 45, 126, 215 et 473 °C. Le phénomène observé à 45 °C correspond à l'élimination de l'eau hygroscopique. A 126 °C, il se produit probablement le départ d'une eau zéolitique alors qu'à 215 °C, il s'agirait de l'élimination d'une eau adsorbée. Le phénomène endothermique important à 473 °C correspond à l'élimination de l'eau de constitution de la kaolinite (Rollet et Bouaziz, 1972) résiduelle contenue dans ce produit comme en témoignent ses spectres IRTF (Figure 17-b) et DRX (Figure 18-b).

Les courbes d'ATG et de sa dérivée corroborent les phénomènes observés en ATD.

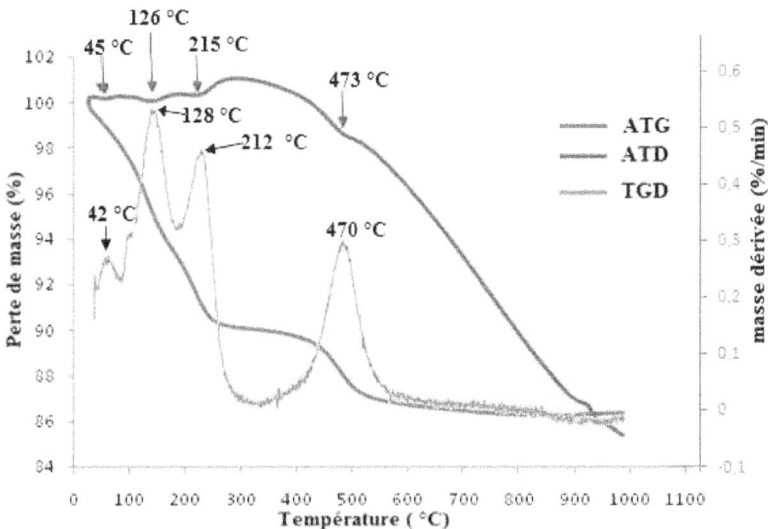

Figure 20 : Thermogrammes d'ATD et d'ATG/ TGD du géopolymère traité à 90 °C.

3.2.5.2 Analyse dilatométrique

La figure 21 présente les résultats du comportement dilatométrique des géopolymères traités initialement à 90, 300, 400 et 500 °C, alors que le tableau 2 en donne le récapitulatif des différentes températures qui expriment les phénomènes observés.

Tableau 2 : Récapitulatif des phénomènes observés au cours de l'analyse dilatométrique.

Température initiale de traitement du géopolymère (°C)	Température de rupture de pente (°C)				Observations
	T_1	T_2	T_3	T_4	
90	308	526	572	702	-T_1 est observée dans les géopolymères traités à 90, 300 et 500 °C. Elle correspond à la deuxième rupture de pente consécutive à la deuxième dilatation. - T_2 est observée dans les géopolymères traités à 90, 300, 400 et 500 °C. Elle correspond à la fin de la troisième dilatation et au début d'un grand retrait. - T_3 est observée seulement dans les géopolymères traités à 90, 300 et 400°C. Elle correspond à une inflexion consécutive au grand retrait à partir de T_2 et à une nouvelle dilatation qui finit à T_4. - T_4 est observée dans les géopolymères traités à 90, 300, 400 et 500 °C. Elle correspond à une rupture de pente.
300	331	521	577	730	-T_1 est observée dans les géopolymères traités à 90, 300 et 500 °C. Elle correspond à la deuxième rupture de pente consécutive à la deuxième dilatation. - T_2 est observée dans les géopolymères traités à 90, 300, 400 et 500 °C. Elle correspond à la fin de la troisième dilatation et au début d'un grand retrait. - T_3 est observée seulement dans les géopolymères traités à 90, 300 et 400°C. Elle correspond à une inflexion consécutive au grand retrait à partir de T_2 et à une nouvelle dilatation qui finit à T_4. - T_4 est observée dans les géopolymères traités à 90, 300, 400 et 500 °C. Elle correspond à une rupture de pente.

| 400 | 349 | 516 | 557 | - | - T_1 est observée dans les géopolymères traités à 90, 300 et 500 °C. Elle correspond à la deuxième rupture de pente consécutive à la deuxième dilatation.
-T_2 est observée dans les géopolymères traités à 90, 300, 400 et 500 °C. Elle correspond à la fin de la dilatation et au début d'un grand retrait.
-T_3 est observée dans les géopolymères traités à 90, 300 et 400°C. Elle correspond à première rupture de pente au cours du grand retrait. |
| 500 | 320 | 521 | - | 707 | -T_1 est observée dans les géopolymères traités à 90, 300 et 500 °C. Elle correspond à la deuxième rupture de pente consécutive à la deuxième dilatation.
- T_2 est observée dans les géopolymères traités à 90, 300, 400 et 500 °C. Elle correspond à la fin de la troisième dilatation et au début d'un grand retrait.
- T_4 est observée dans les géopolymères traités à 90, 300, 400 et 500 °C. Elle correspond à une rupture de pente. |

Toutes ces courbes (Figure 21) se caractérisent par les températures T_1, T_2 et T_4. La température T_3 est une spécificité du comportement dilatométrique des matériaux traités à 90, 300 et 400 °C. Cette température est absente sur le thermodilatogramme du géopolymère initialement traité à 500 °C.

La température T_1 exprime la fin de la deuxième dilatation et le commencement de la troisième dilatation. Cette dilatation résulterait probablement de l'expansion des phases contenues dans ces produits jusqu'à cette température. Pour les géopolymères initialement traités à 90, 300 et 400 °C, la température T_2 est voisine de 525 °C. Elle est en relation avec l'effondrement du réseau de la kaolinite. En effet, l'eau de constitution de la kaolinite s'élimine tout en produisant une contraction de l'éprouvette de matériau. Ce résultat est étayé par l'existence de ce minérale sur les spectres DRX (Figure 18 b et c) et IRTF (Figure 17 b et c) des géopolymères traités à 90 et à 300 °C. Quant au géopolymère initialement traité à 500 °C, le comportement thermodilatométrique après la température T_2 est différent de celui observé pour les matériaux initialement traités à 90, 300 et 400 °C. En effet, le matériau initialement traité à 500 °C ne contient plus de minérale kaolinite (Figures 17 et 18), sur cet intervalle de température, la dilatation du matériau est régie par les phases déjà présentes jusqu'à 500 °C (phases de transformation de géopolymères, quartz, anatase, etc.). Ceci est donc traduit par une certaine résistance à l'effondrement de l'éprouvette jusqu'à la température T_4 où le frittage commence à prédominer.

Le phénomène exprimé par la température T_3 est en relation avec le polymorphisme quartz $\longrightarrow$ quartz qui se manifeste g énéralement sur les courbes dilatométriques des matériaux argileux kaolinitiques entre 557 et 585 °C (Elimbi, 1991).

La température T_4 est traduite par un important retrait qui est en relation avec le frittage devenu très élevé comparé à la dilatation des différentes phases contenues dans le matériau.

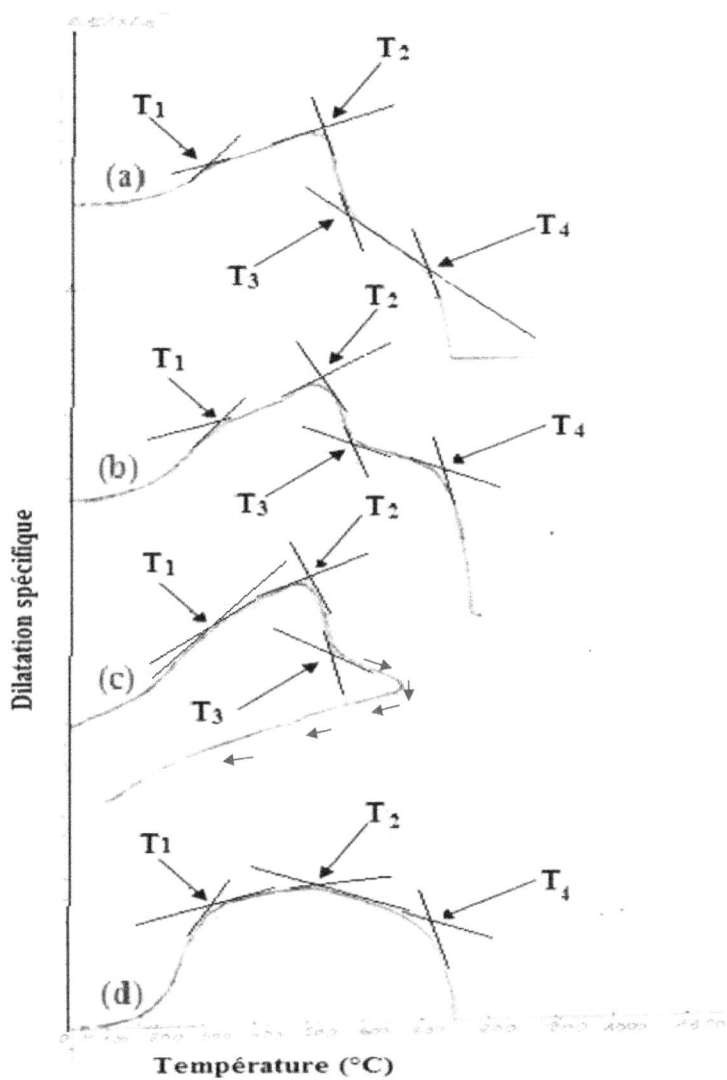

Figure 21 : Thermodilatogrammes des géopolymères traités à : 90 °C (a) ; 300 °C (b); 400 °C (c) et 500 °C (d).

3.2.6 Retrait linéaire de cuisson

Les résultats de ces mesures sont consignés en annexes. La figure 22 présente les variations du retrait linéaire de cuisson en fonction de la température pour les géopolymères traités à 200, 300, 400 et 500 °C. Il ressort de cette figure que la plus faible valeur de retrait linéaire de cuisson (0,42 %) est obtenue pour le géopolymère traité à 200 °C. En revanche la plus grande valeur (0,57 %) correspond au géopolymère maintenu à 300 °C. Par ailleurs, le retrait linéaire de cuisson augmente du géopolymère traité à 200 °C à celui maintenu à 300 °C. Après cette température, le retrait linéaire de cuisson diminue faiblement lorsqu'augmente la température.

Le retrait est une traduction des transformations physico-chimiques qui se produisent au sein du matériau soumis à un traitement thermique. Ainsi au cours du traitement thermique, les transformations telles que l'élimination des eaux (hygroscopique et de constitution) ou la fusion de la soude résiduelle dans le géopolymère, provoquent une variation de dimensions de l'éprouvette expérimentée. L'augmentation de retrait entre 200 °C et les autres températures plus élevées est la conséquence des transformations physico-chimiques à un niveau plus élevé au sein des matériaux maintenus à 300, 400 ou 500 °C. A 300 °C le retrait linéaire de cuisson est plus élevé qu'à 200 °C probablement parce qu'il se produirait un début d'apparition de phase vitreuse, (soude résiduelle associé au phénomène d'eutectique) au sein du premier matériau. Après l'apparition de la phase vitreuse ; le retrait linéaire des matériaux traités à 300, 400 ou 500 °C présente de faibles écarts. Ceci serait dû au fait que ces derniers matériaux subissent des transformations physico-chimiques assez voisines.

La valeur du retrait linéaire de cuisson à 90 °C n'a pas pu être obtenue parce que lors du traitement à cette température, les matériaux sont encore dans les moules.

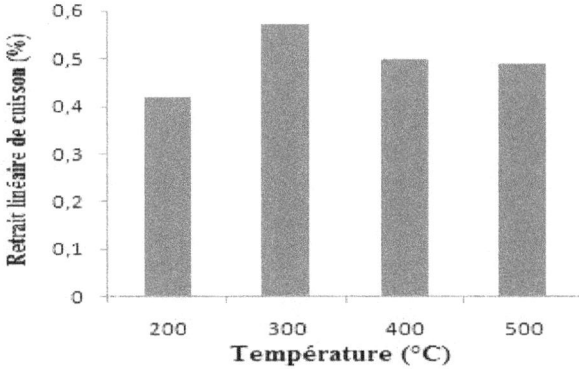

Figure 22 : Retrait linéaire de cuisson en fonction de la température de traitement des géopolymères.

3.2.7 Pourcentage d'absorption d'eau

Les résultats de mesures effectuées sont consignés en annexes. La figure 23 présente les variations du pourcentage d'absorption d'eau en fonction de la température de traitement des géopolymères. Il ressort de cette figure que pour un maintien des matériaux à 90, 200 et 300 °C, le pourcentage d'absorption d'eau accuse une augmentation. Entre 300 et 400 °C cette caractéristique diminue puis croît à 500 °C.

Pour ce qui concerne les températures de 90, 200 et 300 °C, l'augmentation du pourcentage d'absorption d'eau peut résulter de l'élimination des eaux hygroscopiques, zéolitiques, d'absorption des géopolymères (Figure 17) et de constitution de la kaolinite au cours du traitement thermique. L'élimination de ces eaux provoque une modification de la microstructure du matériau, ce qui probablement fait apparaître des pores. Evidemment au voisinage de 300 °C, il peut apparaître une faible quantité de phase vitreuse résultant de la fusion de la soude résiduelle contenue initialement dans le matériau. Cependant, jusqu'à cette température, la quantité de phase vitreuse a un impact mineur vis-à-vis des transformations liées à l'élimination des eaux. A 400 °C, une phase vitreuse un peu plus abondante, consécutive à la fusion de la soude résiduelle contenue dans le géopolymère, participe à la diminution des pores contenus dans ce matériau, ce qui provoque une faible diminution du pourcentage d'absorption d'eau. A 500 °C, bien que le magma vitreux apporté par la fusion de la soude résiduelle soit plus important dans le matériau, il apparaît subitement de gros pores et de petites fentes au sein du produit, ce qui a pour conséquence une augmentation du pourcentage d'absorption d'eau.

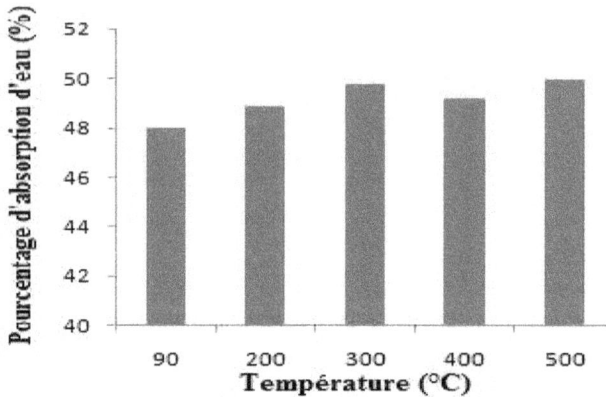

Figure 23 : Pourcentage d'absorption d'eau en fonction de la température de traitement des géopolymères.

3.2.8 Résistance à la compression

Les résultats des mesures effectuées sont consignés en annexes. La figure 24 présente les variations des essais en compression en fonction de la température de traitement des géopolymères. Cette figure montre que la résistance à la compression accuse une augmentation depuis la température ambiante jusqu'à 400 °C puis devient constante entre 400 et 500 °C. La plus petite valeur (4,9 MPa) est obtenue pour le géopolymère maintenu à la température ambiante alors que la plus grande valeur (8,9 MPa) est obtenue pour les températures de 400 et 500 °C.

L'augmentation de la résistance à la compression, de la température ambiante jusqu'à 400 °C résulte de l'augmentation du degré de réaction de géopolymérisation consécutive, ce qui conduit aux matériaux plus consolidés. Entre 400 et 500 °C, la constance de la résistance à la compression peut résulter de l'augmentation de pores et de la formation de petites fissures au sein du matériau obtenu à 500 °C. Ceci ne permet pas d'optimiser ses propriétés mécaniques (Lemougna et al., 2011). Ces résultats sont en accord avec les observations de l'analyse microstructurale de ces géopolymères (Figure 19). L'évolution des propriétés mécaniques des géopolymères avec la température varie dans le même sens que les observations Khoury et *al.* (2011) sur les géopolymères à base de kaolinite et obtenus à basse température.

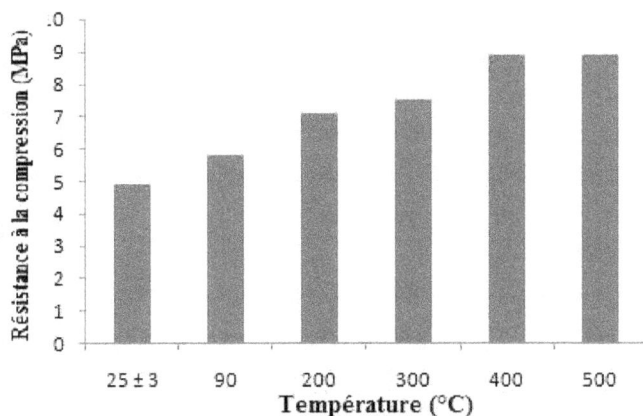

Figure 24 : Résistance à la compression en fonction de la température de traitement des géopolymères.

CONCLUSION

Ce travail a consisté à étudier le comportement thermique des géopolymères à base de kaolinite. Les géopolymères ainsi synthétisés ont d'abord subi un séchage à 90 °C pendant vingt-quatre heures puis un maintien de durée de28 jours à la température ambiante du laboratoire. Enfin ils ont été traités à 200, 300, 400, et 500 °C durant 2 heures. Il ressort de cette étude que :

- A la fin du séchage et du traitement thermique, les éprouvettes conservent leur forme initiale mais présentent une variation de couleur qui est fonction de la température ;
- Les géopolymères traités à 90, 300 et 500 °C contiennent l'hydroxysodalite comme phase cristalline résultant de la synthèse géopolymère. L'augmentation de la température de traitement diminue la proportion de kaolinite à la faveur de la phase géopolymère ;
- La réaction n'est pas encore terminée pour les géopolymères obtenus après un traitement atteignant 300 °C. Néanmoins, les produits obtenus sont assez consolidés ;
- Le produit obtenu à 500 °C étale une assez bonne stabilité dimensionnelle entre 300 et 700 °C ;
- Les géopolymères traités à, 200, 300, 400 et 500 °C présentent de faibles valeurs de retrait linéaire de cuisson (inférieure à 0,6 %) ;
- Les géopolymères traités à, 90, 200, 300, 400 et 500 °C sont poreux et ont une valeur de pourcentage d'absorption d'eau qui est comprise entre 48 et 50 % ;
- La résistance à la compression des géopolymères augmente de la température ambiante (4,9 Mpa) jusqu'à 400 °C (8,9 Mpa) puis devient constante entre 400 et 500 °C.

L'ensemble de ces résultats permet de mettre en exergue l'efficacité du paramètre température au cours de la synthèse des géopolymères à base de kaolinite. Les propriétés mécaniques des géopolymères semblent commencer à se dégrader pour un traitement atteignant 500 °C. Ces matériaux peuvent être utilisés pour la production des briques de terre cuite. Pour une cuisson comprise entre 300 et 400 °C.

Pour la suite de nos travaux, nous comptons axer notre étude sur l'identification des phases cristallines contenues dans les géopolymères. Nous comptons aussi explorer le comportement thermique des géopolymères obtenus à partir du mélange kaolinite/sable afin d'améliorer certaines propriétés des produits obtenus.

REFÉRENCES BIBLIOGRAPHIQUES

- **Akono M. A.**, (2009). Etude géotechnique des matériaux alluvionnaires argileux de Nkolondom (Yaoundé) – comparaison de leurs produits de cuisson obtenus par la méthode traditionnelle et par géopolymérisation. Mémoire de D.E.A, Faculté des Sciences, Université de Yaoundé I, 81 p.
- **Alshaaer M. and Tair A. A.**, (2009). Proceedings of the 11th International Conference on Non-conventional Materials and Technologies: Production of low cost building materials using local resources for possible use in disaster situation. 6-9 September 2009, Bath (United Kingdom), 8 p.
- **American Society for Testing Materials (ASTM)**, (1979). Standard test methods for apparent porosity, water absorption, apparent specific gravity, and bulk density of burned refractory brick by boiling water. ASTM C 20 -74, 3p.
- **Barbosa F. F. V. and Mackenzie J. D. K.**, (2003). Thermal behaviour of inorganic geopolymers and composites derived from polysialate. *Materials Research Bulletin*, **38**, 319-331.
- **Bich C.**, (2005). « Contribution à l'étude de l'activation thermique du kaolin: Evolution de la structure cristallographique et activité pouzzolanique », Thèse de doctorat Ph.D., Institut National des Sciences Appliquées de Lyon, Spécialité : Génie civil, 255 p.
- **Bourlon A.**, (2010). « Physico-chimie et rhéologie de géopolymères frais pour la cimentation des puits pétroliers », Thèse de Doctorat, Spécialité Physique et Chimie des Matériaux, Université Pierre et Marie Curie, 203 p.
- **Bouterin C., Davidovits J.**, (2003). Réticulation géopolymérique (LTGS) et matériaux de construction. *Géopolymère*, **1**, 79-88.
- **Buchwald A., Vicent M., Kriegel R., Kaps C., Monzo M., Barba A.**, (2009). Geopolymeric binders with different fine fillers – phase transformations at high temperatures. *Applied Clay Science*, **45**, 190-195.
- **Cheng T. W. and Chiu J. P.**, (2003). Fire-resistant geopolymer produced by granulated blast furnace slag. *Minerals Engineering*, **16**, 205-210.
- **Davidovits J.**, (1991). Geopolymers: Inorganic polymeric new materials. *Journal of Thermal Analysis*, **37**, 1633-1656.
- **Davidovits J.**, (1994). First international conference of alkaline cements and concretes: Properties of geopolymer cements. Kiev (Ukraine), 131-149.
- **Davidovits J.**, (2002). Geopolymer Conference: 30 years of successes and failures in geopolymer applications. Market trends and potential breakthroughs. October 28-29, Melbourne (Australia), 16 p.
- **Davidovits J.**, (2011). « Geopolymer Chemistry and Applications », 3e éd., Institut Géopolymère, France, p. 3-32.
- **De Silva P., Sagoe-Crenstil K. and Sirivivatnanon V.**, (2007). Kinetic of géopolymérisation: role of Al_2O_3 and SiO_2. *Cement and Concrete Research*, **37**, 512-518.

- **Delatte J. et Facy G.**, (1993). Des bétons antiques aux géopolymères. *Arts et Métiers Magazine*, **180**, 8-16
- **Duxson P.**, (2006). « The structure and thermal evolution of metakaolin geopolymers», Thèse de Doctotat Ph.D., Department of chemical and biomolecular engineering, The University of Melbourne, 355 p.
- **Duxson P., Lukey G. C. and Van Deventer J. S. J.**, (2006). Thermal evolution of metakaolin geopolymers. *Journal of Non-crystalline Solids*, **352**, 5541-5555.
- **Elimbi A.**, (1991). Etude dilatométrique du comportement thermique des argiles kaoliniques de Bomkoul (Cameroun). Thèse de doctorat 3e cycle, Faculté des Sciences, Université de Yaoundé I, 162 p.
- **Elimbi A., Tchakoute K. H. and Njopwouo D.**, (2011). Effects of calcination temperature of kaolinite clays on the properties of geopolymer cements. *Construction and Building Materials*, **25**, 2805-2812.
- **European Norm (EN)**, (2004). Methods of testing cement: part I determination of strength. EN 191-1, 19 p.
- **Fernandez J. A., Monzo M., Vicent M., Barba A. and Palomo A.**, (2008). Alkaline activation of metakaolin-fly ash mixtures: Obtain of Zeoceramics and Zeocements. *Microporous and Mesoporous Materials*, **108**, 41-49.
- **Fernandez-J. A. and Palomo A.**, (2005). Composition and microstructure of alkali activated fly ash binder: effect of the activator. *Cement and Concrete Research*, **35**, 1984-1992.
- **Hermann E., Kunze c., Gatzweiler R., Kiebig G. and Davidovits J.**, (1999). Solidification de différents résidus radioactifs avec le géopolymère pour une stabilité à long-terme. *Géopolymère '99 Proceedings*, 1-15.
- **Institut des Géopolymères**. Articles sur les géopolymères (consulté le 10.01.2012) [en ligne]. http: //www.geolypolymer.org/fr/ Article sur les géopolymère
- **Kakali G., Perraki T., Tsivilis S. and Badogiannis E.**, (2001). Thermal treatment of kaolin: the effect of mineralogy on the pozzolanic activity. *Applied Clay Science*, **20**, 73-80.
- **Khoury H., Salhah Y. A., Dabsheh I. A, Slaty F., Alshaaer M., Rahier H., Esaifan M. and Wastiels J.**, (2011). Geopolymer products from Jordan for sustainability of the environment. *Advances in Materials Science for Environmental and Nuclear Technology II*, **227**, 289-300.
- **Komnitsas K. and Zaharaki D.**, (2007). Geopolymerisation: a review and prospects for minerals industry. *Minerals Engineering*, **20**, 1261-1277.
- **Lemougna N. P.**, (2008). Réticulation géopolymérique à basse température de quelques aluminosilicates. Mémoire de D.E.A., Faculté des Sciences, Université de Yaoundé 1, 75 p.
- **Lemougna N. P., Mackenzie D. J. K. and Melo C. U. F.**, (2011). Synthesis and thermal properties of inorganic polymers (geopolymer) for structural and refractory applications from volcanic ash. *Ceramics International*, **37**, 3011-3018.
- **Liew Y. M., Kamarudin H., Mustafa Al Bakri A. M., Luqman M., Khairul Nizar I. and Heah C. Y.**, (2011). Investigating the possibility of utilization of kaolin and the

potential of metakaolin to produce green cement for construction purposes. *Australian Journal of Basic and Applied Sciences*, **5**, 441-449.

- **Muniz-V. M. S., Manzano-R. A., Sampieri-B. S., Ramon G-T. J., Reyes-A. J. L., Perez-B. J. J., Apatiga L. M., Zaldivar-C. A. and Amigo-B. V.,** (2011). The effect of temperature on the geopolymerizaion process of a metakaolin-based geopolymer. *Materials Letters*, **65**, 995-998.

- **Njopwouo D.,** (1984). Minéralogie et physico-chimie des argiles de Bomkoul et de Balengou (Cameroun). Utilisation dans la polymérisation du styrène et dans le renforcement du caoutchouc naturel. Thèse de doctorat, Faculté des Sciences, Université de Yaoundé I, 300 p.

- **Njoya A., Nkoumbou C., Grosbois C., Njopwouo D., Njoya D., Courtin-Nomade A., Yvon J. and Martin F.,** (2006). Genesis of Mayouom kaolin deposit (Western Cameroon). *Applied Clay Science*, **32**, 125–140.

- **Panias D., Giannopoulou P. I. and Perraki T.,** (2007). Effect of synthesis parameters on the mechanical properties of fly ash-based geopolymers. *Colloids and Surfaces A: Physicochem. Eng. Aspects*, **301**, 246-254.

- **Prud'homme E., Michaud P., Joussein E., Peyratout C., Smith A. and Rossignol S.,** (2011). In situ inorganic foams prepared from various clays at low temperature. *Applied Clay Science*, **51**, 15-22.

- **Qtaitat A. M. and Al-Trawneh N. I.,** (2005). Characterization of kaolinite of the Baten EL-Ghoul region/south Jordan by infrared spectroscopy. *Spectrochimica Acta Part A*, **61**, 1519-1523.

- **Rahier H., Slatyi F., Aldabsheh I., Alshaaer M., Khoury H., Esaifan M. and Wastiels J.,** (2010). Use of local raw materials for construction purposes. *Advances in Science and Technology*, **69**, 152-155.

- **Rollet A.-P. et Bouaziz R.,** (1972). L'analyse Thermique : l'examen des processus chimique, tome 2, GAUTHIER-VILLAS, Paris, 571p.

- **Rovnanik P.,** (2010). Effect of curing temperature on the development of hard structure of metakaolin-based geopolymer. *Construction and Building Materials*, **24**, 1176-1183.

- **Sabir B. B., Wild S. and Bai J.,** (2001). Metakaolin and calcined clays as pozzolans for concrete. *Cement and Concrete Composites*, **23**, 441-454.

- **Saikia J.B. and Parthasarathy G.,** (2010). Fourier transform infrared spectroscopic characterization of kaolinite from Assam and Meghalaya, Northeastern India.*Journalof Modern Physics*, **1**, 206-210.

- **Sindhunata, Van Deventer J. S. J., Lukey G. C. and Xu H.,** (2006). Effect of curing temperature and silicate concentration on fly-ash-based geopolymerization. *Industrial and Engineering Chemistry Research*, **45**, 3559-3568.

- **Tchakoute K. H., Elimbi A.,Mbey A. J., Sabouang N. J. C., and Njopwouo D.,** (2012). The effect of adding alumina-oxide to metakaolin and volcanic ash on geopolymers products: A comparative study. *Construction and Building Materials*, http://dx.doi.org/10.1016 /j.conbuildmat.2012.04.023.

- **Van Jaarsveld J. G. S. and Van Deventer J. S. J.**, (1996). The potential use of geopolymeric materials to immobilise toxic metals: Part I Theory and applications. *Minerals Engineering*, **10**, 659-669.
- **Van Jaarsveld J. G. S., Van Deventer J. S. J. and Lukey G. C.**, (2002). The effect of composition and temperature on the properties of fly ash and kaolinite-based geopolymers. *Chemical Engineering Journal*, **89**, 63-73.
- **Wongpa J., Kiatttikomol K. and Jaturapitakkul C.**, (2006). International Conference on Pozzolan, Concrete and Geopolymer: New geopolymer from rice husk-bark ash. May 24-25, Khon Kaen (Thailand), 299-304.
- **Xiao Y., Zhang Z., Zhu H. and Chen Y.**, (2009).Geopolymerization process of alkali-metakaolinite characterized by isothermal calorimetry. *Thermochimica Acta*, **493**, 49-54.
- **Xu H. and Van Deventer, J. S. J.**, (2000). The geopolymerisation of alumino-silicate minerals. *International Journal of Mineral Processing*, **59**, 247-266.
- **Xu H. and Van Deventer, J. S. J.**, (2002). Microstructural characterization of geopolymers synthesized from kaolinite/stilbite mixtures using XRD, MAS-NMR, SEM/EDX, TEM/EDX, and HREM. *Cement and Concrete Research*, **32**, 1705-1716.
- **Youssef I. R., El-Eswed B., Alshaaer M., Khalili F. and Rahier H.**, (2010). Degree of reactivity of two minerals in alkali solution using zeolitic tuff and silica sand filler. *Ceramics International*, doi: 10.1016/j.ceramint.2012.03.008.
- **Yunsheng Z., Wei S. and Zonglin L.**, (2010). Composition design and microstructural characterization of calcined kaolin-based geopolymer cement. *Applied Clay Science*, **47**, 271-275.
- **Zaharaki D., Komnitsas K. and Perdikatsis V.**, (2010). Use of analytical techniques for identification of inorganic polymer gel composition. *Journal of Materials Science*, **45**, 2715-2724.
- **Zeng Q., Li K., Fen-Chong T. and Dangla P.**, (2012). Effect of porosity on thermal expansion coefficient of cement pastes and mortars. *Construction and Building Materials,* **28**, 468-475.

ANNEXES

Annexe 1 : Lois de dilatation de l'étalon pyros 56 et de la silice vitreuse entre 0 et 1150 °C

T (°C)	$10^{3}(- SiO_2)$
22	0,285
50	0,63
100	1,27
150	1,92
200	2,60
250	3,28
300	3,99
350	4,75
400	5,54
450	6,34
500	7,18
550	8,03
600	8,91
650	9,81
700	10,73
750	11,67
800	12,63
850	13,61
900	14,60
950	15,61
1000	16,63
1050	17,67
1100	18,72
1150	19,80

Annexe 2 : Retrait linéaire de cuisson des géopolymères en fonction de la température de traitement.

Température (°C)	200	300	400	500
Retrait linéaire de cuisson (%)	0,42	0,57	0,5	0,49

Annexe 3 : Pourcentage d'absorption d'eau des géopolymères en fonction de la température de traitement.

Température (°C)	90	200	300	400	500
Pourcentage d'absorption d'eau	48	48,9	49,81	48,9	50

Annexe 4 : Résistance à la compression des géopolymères en fonction de la température de traitement.

Température (°C)	25 ± 3	90	200	300	400	500
Résistance à la compression (MPa)	4,9	5,8	7,1	7,5	8,9	8,9

www.ingramcontent.com/pod-product-compliance
Lightning Source LLC
Chambersburg PA
CBHW021607210326
41599CB00010B/647